# 車のある風景

Landscape with Cars

松任谷正隆

Matsutoya Masataka

JAFMate Books

車のある風景　目次

## 第一章 少年時代の思い出



## 第二章 バンドライフ、カーライフ

## 第三章　結婚生活あれこれ



## 第四章　クルマ選びに思う

## 第五章 カーライフよもやま話

## 第八章 今、そしてこれから

# 第一章　少年時代の思い出

# 初ドライブの話

僕が免許を取ったのは調布の方にある自動車教習所だ。もっと近いところに教習所があったにもかかわらずそこに行ったのにはわけがある。その頃ほとんどなくなりつつあった軽免許が取れたからだ。教習所に行くと普通車たちに交じっておもちゃのような軽自動車が、肩身の狭い思いをするように並んでいたのを思い出す。教習車はマツダキャロルだったが、その頃の軽自動車はスバル360をはじめ、マツダR360クーペ、スズライトといった、今見るとこんな小さいものに人間が乗れるのか、とびっくりするようなものばかり。16歳だった僕でも、小さくかがむようにして乗り込み、細くて折れそうなハンドルを握った。教官が隣に乗り込むとクルマは深く沈んで、サスペンションがやたら柔らかいことを教えた。今では教習所の教官に怖い人はいないようだが、この頃はまだいた。若くて意地悪なやつもいたし、やる気がなさそうにしているくせに、降りるときに点数をくれないじじいもいた。免許を取得するのは今よりもずっと難しい時代だったんだな。

それでも、初めて路上に出たときの興奮は忘れられない。50年も前のことだから、光景こそ忘れてしまったが、「怖い!」という思いだけは覚えている。こんな路上を事故もなく走れるものなんだろうか。免許を持っている人たちが、特殊技能者でもあるかのように感じられたものだ。

いったい、どれくらいの日数通ったのか覚えていないが、とにかく当時高校生だった僕は、学校帰りに詰め襟の制服で向かった。教習所での最後の試験をパスして、最終的には府中試験場で筆記のテストをしたような記憶がある。確か、筆記では1回落ちた。それでもそんなに驚かなかったのは、免許が今とは違って狭き門だったからだろう。2度目で合格したときは、それはそれは嬉しかった。

僕の免許取得を一番喜んでくれたのは親ではなく、うちに毎日のように出入りしていた新川クリーニングのお兄さんだ。新川クリーニングのお兄さんは、僕が小学生、いや下手したら幼稚園の頃から僕の話し相手で、御用聞きに来ると必ず僕と15分以上、クルマの話で盛り上がった。彼がうちに来ると僕は勝手口まで飛んで行き、そして話し込む。長くなると母親がやってきて「いい加減にしなさい」と言った。すごすごと帰って行くクリーニング屋さん。でも、免許を持っている彼は、ある意味僕のただひとりの先生でもあった。だから僕の免許取得を人一倍喜んでくれた。祝宴だ、と言わんばかりに。

もちろんうちにはクルマなんてなかった。60年代中頃。まだまだマイカーブームは始まったばかり。居ても立ってもいられなくなった僕は渋谷の道玄坂にあるレンタカー店に向かった。早朝だったと思う。免許を取ったからって、しばらく運転をしなかったら忘れてしまうではないか。バイトもしていない高校生にはそんな大金はなかった。だから親の出資だ。一番安いやつ。そして一番短いコース。夕方までにクルマは返却しなければならない。あらかじめ電話をしてあったせいか、予約した軽自動車は入口のあたりに停まっていた。ホンダN360。当時は最先端の軽自動車だったな。どうやってうちまで運んだかは覚えていない。でも僕ひとりで行き、ひとりで運転してうちに向かったのだと思う。

うちに戻ると家族がぞろぞろ出てきて、これがクルマか、とばかりにみんなで眺めた。そして、じゃあ行くか、とみんなでクルマに乗り込んだ。小さな軽自動車は定員の4人が乗るとぎゅうぎゅう詰めになった。こんな状態でクルマは動くのか、と思うほど。うちの前の細い路地を出て、バス通りへ。バス通りはのちに環八《かんぱち》と呼ばれるようになるのだが、この頃は舗装がようやくされたばかりのセンターラインもない細い道。あてもなく甲州街道の方に舵を切り、そしてちょっと深めにアクセルを踏んだ。エンジン音が高まり、教習所ではあまり体験したことのない加速が始まった。ところが次の瞬間クルマは蛇行。タイヤの空気圧がちゃんとしてなかったのか、それとも僕がハンドルの遊びに慣れていなかったのか。脂汗が一気に吹き出した。両親は僕がふざけてやっているものだと思い、そんな真似やめなさいよ、と言った。ここで、これはわざとではないんだ、と正直に言ったらこのドライブ自体すべてキャンセルになると思ったから、わかった、とだけ言いドライブを続けた。結局、高尾山まで行って帰ってきたが、正直、生きた心地はしなかった。バスに激しくクラクションを鳴らされたこと以外、実は何も覚えていない。戻るとぐったりして、もうクルマを戻す元気などなかった。仕方なく新川クリーニングに電話をした。もちろん彼は飛んで来てくれた。なんてことのないように返却に向かう彼の後ろ姿を見て、運転できるやつがこれほど頼もしく思えたことはない。

町印房
ラー
新川クリーニング

# 人生最良の日

初めてマイカーが来たときの話を書こうと思う。クルマを持つ。この僕が……。今思うとそれは信じられないことだった。ちょんまげの人が背広を着るようになっていったときもこんな感じだったのだろうか。

親父を送り迎えするならクルマを買っていい……ある日そういう話になった。はて、この話はいつ持ち上がったんだっけ。すっかり忘れてしまったが、病気がちな親父が、病院の送り迎えをクルマで、と考えるのは自然なことだったのかもしれない。

そんな話が出たら、そりゃあキツネにつままれたような気分になったに違いない。絶対にそうだ。それからはこれが親の一時の気まぐれではありませんように、と祈り続ける毎日だったのは覚えている。なにしろ親なんて気まぐれなもので、そんな話いつしたっけ、なんてしゃあしゃあと言われたらたまらない。特にうちの親はその傾向にあって、何度僕は失望させられたことか。というわけで適度な距離を置いて、クルマの話をした。つまり、喉から手が出るほど欲しいにもかかわらず、何かと便利じゃないかな、程度に話すのである。まるで他人事《ひとごと》のように。

あれは高校3年のときだったか、大学1年のときだったか、どちらにせよ60年代の終わりということになる。学校ではクルマを持っているやつがちらほらいた。僕が知っている限り最低でも5

人はいただろうか。当時羨望の的だったのはクラウンハードトップとスカGだった。ジャズバンドを組んでベースを弾いていた同級生がクラウンハードトップ、そして勉強にしか興味のないようなガリ勉野郎がスカGだったっけ。もちろん、そんな高いクルマを買ってもらえるわけもなく、僕は等身大のカローラかサニーか、ということで悩んでいたような気がする。いや、それでも十分以上に僕は満足だった。なにしろクルマだ。エンジンが付いていて、アクセルを踏むと動く、あのクルマだ。そんなものがうちに来るのだ。そして半分以上僕の自由になるのだ。これ以上の夢はないだろう。

どこからかカタログを手に入れてきて、穴の開くほど毎日眺めていた。そのうちサニーを持っているやつとカローラを持っているやつがいることを知り、それぞれ運転席に座らせてもらった。サニーのチェンジレバー（昔はシフトレバーのことをそう呼んだ）はゆるゆると節度がなく、クラッチペダルも軽かった。メーターは横長で、今なら「安っぽい」の一言で片付けてしまいそうだが、当時は妙にリアリティがあって素敵だと感じた。あの頃の日産車はスカGにしてもブルーバードにしてもシフトレバーは似たような感触だった記憶がある。そしてそれは妙な本物感を醸し出していた。一方のカローラはもう少しかっちりとしており、それはシフトの感触だけでなく、すべてがそうだった。サニーが男性形ならカローラは女性形。しかもちゃんとお化粧のされた女性だった。両方とも当時の値段で60万円弱。今思うとずいぶん安い。でも当時の初任給を考えるとやっぱり素晴らしく高い買い物だったのだろう。

親からの最終的なゴーサインはそれからだいぶ後だったと思う。なぜなら、そのあいだにカローラのクーペバージョンとしてスプリンターという車種がデビューし、もうこれしかない、という気持ちになっていたからだ。クルマがかっこ良く見えたのがもちろん一番の理由ではあるが、もうひとつこのクルマでなければならない理由もあった。それが当時付き合っていた彼女。いや、手も繋いだことのない彼女を彼女と呼ぶのはおこがましいが、その彼女のお父さんがスプリンターのディーラーの社長だったというわけ。

「ねえ、スプリンターにしなさいよ」と言われ、「そうだよね」と疑いもなく答える自分。「いやあ、サニーもね……」なんて怖くて口に出すことすらできなかった。男にとって女子の存在は大きい。これで彼女の父親が日産の人だったら間違いなくサニーになっていたはずだ。節操がないと言われるかもしれないが、とにかく、僕にはクルマの格好をして、エンジンが付いていてハンドルが付いて走りさえすれば何でも良かったのである。

ディーラーの人が我が家に初めて来たときも、僕はまだキツネにつままれたような気分になっていたと思う。夢なら覚めないでくれ、と祈った。彼は何度か来たような気がするけれど、それから実際にスプリンターがうちにやって来るまでの時間は、今までの半生のうちで一番不思議な時間だった。もう一生その日はやって来ないんじゃないか、という不安と、足元でぽたぽたと流れていく時間。そしてとうとうその日はやって来た。人生最良の日、であったことは間違いない。

# 事故の話

事故なんて起こさない方がいいに決まっている。けれどそれはそれで、初めて事故を起こしてしまったときにどう対処したらいいのかわからないわけで、実に悩ましいところである。僕の記憶の中での最初の事故は免許を取得してから2年後くらい。水戸街道、確か松戸のそばだったような気がする。伯父を乗せての茨城のゴルフ場からの帰りだった。

渋滞中に2台後ろのクルマが後ろのクルマに追突し、そのクルマが僕に追突し、僕は前のクルマに追突した。合計4台の玉突きか。渋滞中だから、まあたいしたことないとも言えるし、4台絡むとなると結構厄介だったとも言える。うとうととしていた伯父はいきなり追突されて飛び起きた。そして、あろうことかクルマから飛び出すと、後ろのクルマのドライバーの胸ぐらを摑んだのである。追突というのは、されると何が何だかわからなくなるものである。いったい何が起こったのかわからない。たぶん伯父もそうだったのだろう。もしかすると、免許を持たない伯父は、伯母の運転で似たような経験をしたことがあったのかもしれない。それにしても、いきなり胸ぐらを摑まれた後ろのドライバーも災難だ。いや、胸ぐらはまずい。結局、数分後に事故の全容がわかっても、わだかまりができて、確か服が破れただの、弁護士を呼ぶだの、という話になって、事故処理がすべて終わってもさらに1時間近く僕は待たされた記憶がある。

僕の子供の頃からのクルマの先生でもあった新川クリーニングのオヤジ(もうお兄さんではない)は僕が免許を取るとこう言った。「あのね、先に謝っちゃダメだぞ。相手も悪いんだから……」

確か、この言葉はそれから十数年してアメリカで録音をするようになって、アメリカのエンジニアからも聞いたことがある。謝ってはいけないのか……? 話を戻そう。あれは19歳くらいの頃だったか、母が病気の父を病院まで送ると言うのでうちで留守番をしていた。留守番をしたかったわけじゃない。クルマを使うと言うので足がなくなって動けなかっただけだ。16歳で軽免許を取った僕よりも母は数年遅く免許を取ったので、この頃は初心者マークを付けて走っていたに違いない。電話が鳴り、取ると母親だった。ものすごく慌てた口調だった。「あのね、事故起こしちゃったの。どうしたらいいの?」「場所は?」「環八《かんぱち》の東名の交差点」

さあ、ここで新川クリーニングの登場である。僕が電話をすると、待ってましたとばかりに飛び出してくるオヤジ。僕を隣に乗せ、いざ出陣である。母親はもう謝ってしまったのだろうか……。はやる気持ちを抑え現場に到着すると、想像とは違い、ほぼ検証も済んだ状態らしく妙に和やかな空気である。母親がよく見ずに右折をし、直進してきたクルマと衝突したらしい。ぼっこりと左側のボディがへこんだ我が家のクルマが事故の模様を物語っていた。父が道端に座り込んでいるのは決して事故のせいなんかではなく、胃潰瘍《いかいよう》の具合が悪いからだ。なんだか相手もそんなに悪い人ではないらしい。そこへ新川クリーニングの一撃が加わった。「だいたい、あんたもよく前を見てないから悪いんだよ」。この一言で事態は急変。相手も態度を硬化させ、それから1時間以上も押し問答が続いただろうか。その後、父は手術を受けることになるのだが、この一件で胃が決定的にやられた、と言っている。

その後僕は何回くらい事故に遭ったのだろうか。幸い大きな事故がないので記憶にはほとんどないのだが、3回くらいは追突をされたろうか。最後の追突事故は今から5年くらい前。首都高3号線の渋滞の末尾にいて追突された。バックミラーに迫り来る車両を発見するのは嫌なものである。間違いなくやられる、と思った瞬間自分のできることといったら天に祈ることとブレーキを力一杯踏み続けることくらいしかない。さすがに経験も増え、予測して車間もとっていたので玉突きにならずに済んだ。でももっと自分を褒めてやりたいのはその後の態度だ。「大丈夫ですか?」と慌てて飛んできたドライバーに対して僕はにっこりと微笑み、「大丈夫、それより邪魔にならないところにクルマを寄せましょう」と一言。なんてスマートでかっこいいんだろう。自分でも惚れ惚れしてしまう……。しかし考えてみれば追突事故は加害者と被害者が最初から決まっているから被害者がスマートにできるのは当たり前なのである。

事故はやはり面倒だ。起こさない方がいいに決まっている。でももう気付かれている方も多いかもしれないけれど、クルマは徐々に事故を起こしにくいように変化してきている。あともう少しすれば、こんな話もバカバカしく思える時代が来るだろう。ま、それまで事故は起こさないことだ。それと……謝るべきときは謝った方がいい。

# 酔う人、酔わない人

世の中にはいまだに乗り物に弱い人がたくさんいるらしい。それでも昔ほどでは全然ない、と僕は思う。昔は、乗り物酔いをしない人の方が少なかったのではないか。家族旅行をすれば弟が乗り物酔いで吐いていたし、遠足に行けば親友が隣で吐いていた。もうあれが嫌で嫌で、旅行は勘弁という感じになってしまった。すべて乗り物酔いのせいだ。

今だからわかるのは、道が悪かったこととクルマが悪かったせいだ。僕が住んでいたのは、ほぼ今の環状八号線沿い。当時はまだそんな名前もなく、車線もセンターラインもなかった。舗装されていた記憶はあるが、ボコボコだった記憶もある。いや、子供の頃は土煙が上がっていたことを思い出すと、舗装もだいぶ後になってからかもしれない。まあ、さぞかし揺れたことだろう。そこへ持ってきて当時のクルマときたらダンパーがフニャフニャ。今のクルマみたいに揺れがビシッと収まらないのである。ブワンブワンとボディが揺れ残る。道が悪いうえにブワンブワンで酔わないわけないよな、と思う。さらに、だ。当時はATなどという洒落たものはないから、みんなマニュアル。スムーズに運転してやろうという奇特なドライバーも少なかったのか、シフトチェンジをするたびに前後に揺すられる。ブレーキを踏めば前のめりになる。あれでよく自分は大丈夫だったな、とつくづく思う。いや、吐かなかっただけで実は気持ち悪くなっていたのかもしれない。特にダットサンのような小型タクシーの真ん中の席は最悪で、狭いうえに窓も小さく、例の揺れである。祖母が弟にかける「大丈夫か?」という言葉を聞くたびに、何だか酸っぱいものがこみ上げてきたものだ。

僕がクルマ関係の仕事に興味を持つルーツとなったのが、山中湖で乗ったベンツのタクシーである。1960年代初め、道は未舗装で東京よりさらに環境が悪いはずなのに、ベンツのタクシーときたら、ブワンブワンというのがまったくなかったのである。それを証明するように、弟は気持ち悪いと言い出さなかった。当時の僕に、構造的な知識などまったくないわけで、だからこの不思議、そして気分良く乗っていられる自分自身も不思議でならなかった。

一方、バスは当時RU、つまりリアアンダーにエンジンを積んだバスが主流になり、さらにはエアサスペンションが普及し始めた頃ではなかったか。乗り物すべてに興味があったから、遠足に出る前のバスの後ろに回って、排気管から流れ出ている排ガスを吸っては「いいにおいだね」などと、親友とうっとりしていた。排ガスのにおいが大好きだったのである。

ところがこの親友はバスが好きなはずなのに、バスに弱かった。本当に弱いやつは前から2列目くらいに座らされて、気持ち悪くなるとバケツがすぐに用意されたのだが、親友はそこまでではなかったため、たいてい僕の隣、列でいえば真ん中あたりに座っていた。彼は山中湖に遊びに来たこともあり、乗り物に弱いことは知っていたのだが、その日はなんとなく調子良さそうに見えた。調子に乗ってミカンやバナナをバスの中で食べていた。饒舌《じょうぜつ》でもあった。1時間半ほどして、急に無口になった。嫌な予感がしたのである。大きな声で「バケツお願いします！」と叫びたかったのだけれど、そんなことをしたら彼が吐かなくてはならなくなると思い、少しの間思いとどまったのがいけなかった。急に僕の方を見たかと思うと「もうだめだ」と言った。バケツは間に合わない。代わりになるものは僕のリュックしかなかったのだ。咄嗟《とっさ》に僕はそれを差し出し、彼はリュックをバケツ代わりにした。その瞬間、僕の胃も縮み上がり、まるで自分も一緒に吐いたような気になった。お互い顔を見合わせて深呼吸をした。そして僕は気付いたのだ。リュックの中には僕の弁当がある……。

実をいえばそれからどうしたのか、記憶にないのである。誰かに弁当はもらったのか、先生が調達してくれたのか。そして僕のリュックはどうなったのか。いずれにしても僕はこれ以来、バスが大嫌いになった。大好きだった排ガスまで。

乗り物酔いは乗り物に弱い人にとっては地獄だ。本人だけじゃなく、そのまわりにいる人間まで地獄に連れて行かれる。どうしたら人が酔わない乗り物が出来るのだろう。というのは、それからの僕のテーマになった。それはクルマの仕事を始めた今も変わらない。今は昔と違って道路もいい。クルマもいい。なにしろ余計な揺れを消してくれる仕組みまである。70年代以降、窓が少しずつ小さくなっているのが気にはなっているが、まあ背の高いSUVならだいぶ気が楽になるはずだ。うそだろう、と思われるかもしれないが、僕のドライビングのテーマは酔わない運転、である。これにはかなり高度な知識とテクニックが必要だ。近くに酔いやすい人がいたら、その人で練習してみることを勧めたい。

小6。どうしたら親友が遠足のバスで吐かないか、というのが僕のテーマだった気がします。加速の仕方、ブレーキの踏み方、運転手ごとに採点をしていました。

# バーバリーと伯父

子供の頃、免許を持っていたのは伯母だけだ。祖母の長男の嫁、ということになるのか。ちなみに僕の母は祖母の次女である。伯母は伯父とともに鎌倉に住んでおり、伯父は祖父と一緒にゴルフ場の設計、施工、経営などをやっていた。背も高く、目つきも悪く、しかも口が悪かったから、僕は伯父のことが最初大嫌いだった。母も自分の兄である伯父のことが嫌いだったと思う。その反動か、伯母はずいぶん僕に優しくて、音楽家になれ、と子供の頃から言っていた記憶がある。伯父は僕の顔を見るたびに「おい！　てめえは音楽家になるんだって？」みたいな口の利き方をするものだから、伯母の陰に隠れ、なるべく顔を合わさないようにしていた。伯父は実の母親でもある祖母のことも「ババア」呼ばわりをして、面と向かっても「早くくたばれ」みたいなことを言っていたと思う。祖母は笑って流していたようだ。つまり、シャイ故に、言っていることと思っていることは反対と解釈をすればいいんだ、とあるとき気が付いた。それに気付くと、意外に伯父のそばは居心地がいいことがわかった。

あれはいつのことだったか、確か第三京浜が開通した頃だから、僕は中学に上がったばかりだったかもしれない。ひょんなことから伯母の運転するヒルマンに乗せてもらうことになった。もしかするともっと子供の頃に乗せてもらったことがあるかもしれないのだが、さすがに記憶からは消えている。そして生まれて初めて高速道路なるものを走った。時速80キロをヒルマンで初体験した。怖かった。運転する伯母がおっかなびっくりだったせいもあるかもしれないが、こんな速いスピードがあるなんて知らなかったから、生唾を飲み込みながら、早く高速を降りてほしいと一生懸命祈った。たぶん現代に換算すると、時速200キロくらいで飛ばしたイメージだろうか。

「おい、怖いかボウズ！」と後席から声がした。伯父は僕がこのクルマに乗るときは必ず後席に座っていた。「怖くないよ」と自分の膝のあたりを力一杯つねりながら答えた。そういえば僕は、特急「こだま」に乗ったときも膝のあたりをつねっていたし、新幹線が登場し、初めて乗ったときも、そのスピードが怖くて膝のあたりをつねっていた記憶がある。

あのとき、第三京浜を走って鎌倉の家まで行ったのだろうか。定かではないが、伯父と伯母は二人とも若い頃に肺を患い、片肺しかなかったせいか子供もなく、だから僕のことを歓迎してくれたのかもしれない。もちろん伯父はそんな素振りは見せなかったけれど。

それから程なくして夏休みになり、僕は鎌倉の家に居候することになった。なにしろクルマを持っている唯一の親戚だったから、そこにいるだけでとてもリッチな気分になった。口の悪い伯父は、「てめえなんかさっさと帰れ！」なんてしょっちゅう言う割には、オーディオやらカメラやら、いろいろなことを教えてもくれた。彼の部屋には作りかけのラジオやらアンプやらが転がっていて、いつもはんだごて片手に何かやっていた。

「てめえ、音楽やってるんなら音がこれでいいか聞いてくれ」みたいに、出来上がったアンプの音チェックもやらされた。

「おい、ババア、早くボウズに飯を作ってやれ」。夕方になると毎日のように伯母に言った。そのくせ自分はご飯を食べようとしない。「痩せてスレンダー」というのが口癖で、つまりデブはみっともない、という意味らしかった。確かに痩せてはいたが、それはごはんよりもウイスキーだったからだ。それによく考えれば、痩せて、とスレンダーは同じ言葉じゃないか。

それでも彼は独特の美意識を持っていた。たぶん自分でもある程度はお洒落だと思っていたに違いない。その証拠には、当時珍しかったバーバリーのコートを持っていたことだ。丸善で扱っていた時代で、当時の値段でも10万円以上はしたはずだ。これも今に直せば50万以上のイメージだろうか。

ある晩、三人で横浜にご飯を食べに行こう、という話になった。伯母の運転で馬車道にあるかつれつ庵というところに行った。伯父は勝手に大カツという特大のとんかつを頼み、てめえはこれだ、と言った。そういう伯父は何を食べていたのか……たぶんおつまみだけで何も食べなかったように思う。

おそらくあの日は雨だったのだろう。そして横浜も部分的には舗装されていないところがあり、帰り道にヒルマンはまんまとぬかるみに足を取られスタックした。クルマを降りて足元を見てみるも、そんなに深くスタックしているふうにも見えず、こんなことでクルマは動かなくなるのか、と不思議に思った。伯母はアクセルを踏み込むものの、タイヤは空転するばかり。すると伯父は後席を開け、何かを取りだしたかと思うと、躊躇することなく後輪の前に敷いた。バーバリーのコートだった。布のようなものはたぶんそれしかなかったのだと思う。そしてこれで行け、と伯母に言った。タイヤは空転しながらどす黒い跳ねをあげたと思うと、バーバリーの上に乗り、バーバリーを真っ黒にしながらようやく抜け出した。そのバーバリーがどうなったか、僕は知らない。破れたかもしれないし、大丈夫で洗濯に出したかもしれない。ただ、こういうときに咄嗟にこういうことができる人間に僕もなりたい、と思ったことだけは確かだ。

# 中伊豆の謎

9年前に亡くなった僕の親父は若い頃は文学青年だったらしい。結局、かたい銀行員として定年まで過ごしたのは家族のためで、本来なら好きな道を歩みたかったに違いない。こうして僕が拙い文章を書いているのも、思えば親父の影響が大きい。子供の頃、作文を書くたびに添削をされ、もちろんこちらとしてはいい気分などしないのだが、なるほどな、と思ったことは何度もあった。添削をしているときの親父は嬉々としていて、本当に文章が好きなんだな、と思ったものだ。お風呂に一緒に入ると必ず歌を歌った。話し声とは違って歌声は案外高く、しかもビブラートがかかっていた。そんなに上手くはなかったと思うが、自分ではボーイソプラノだったんだぞ、なんて言っていた。そのせいか我が家にはウィーン少年合唱団のレコードもあった。音楽は現実離れしていて好きにはなれなかったけれど、もっと嫌だったのは、親父が風呂場で歌う歌が軍歌だったことだ。親父は徴兵され訓練まではやったものの、戦地に行く前に終戦になったらしい。ただ、その頃の思い出は強烈だったらしく、けっこうナイーブな性格ゆえ、軍歌に潜む哀しさや、やるせなさがすっかり染みこんでしまったのだろう。まさか音楽家を目指したかったわけではないだろう、とは思うが、もしそうだったとしたら、僕はまるで親父の後を追っているようなことになる。親子が似ている、というのは後になって気付くものなのかもしれない。たしかに僕が短気なのは親父譲りだ。

親父は僕が小学校の頃、一度免許を取ろうとしたことがある。明日から通うぞ、と言われて、僕は目の前がバラ色になった。僕より年上の人たちならわかると思うが、当時、つまり50年代の日本ではマイカーなんてまだ手の届かない存在だったのだ。少なくとも中産階級の間では。

うちがクルマのある家庭になる……何と素敵なことか。親父は井の頭線の明大前駅から見える教習所に通い始めた。そしてそれから2日だったか3日だったか後に、もうやめた、と言った。愕然《がくぜん》とした。なんで？ と何度も問いただした。諦めきれなかった。親父は教官と喧嘩をしてやめてきたらしい。これも今では考えられないことだが、当時の教習所は……僕が通ったその後の教習所でさえ、それは高圧的で不条理で、親父の時代はさらにひどかったに違いない。教官も下手な運転の脇に座らされてストレスが溜まり、そのはけ口として生徒にあたっていたのだろう。曲がったことの嫌いな親父に耐えられるはずもなかったのだ。

我が家で最初に免許を取ったのは僕で、それは高校3年のとき。軽免許が存在した最後あたり、ということになる。親父よりもクルマに夢を見ていたから、不条理には耐えに耐えた。よく我慢できたと思う。特に不条理だった助手席からの急ブレーキは今でも許せない。意味もなく踏まれるのだから。でもって、おふくろが僕に続いた。3年くらい後だっただろうか。おふくろは割合感情を表に出さないタイプなので、すんなりと取ったように思う。いや、でもきっといろいろあったのだろうな。そして弟がだいぶしてから取得した。これで親父以外はみんな運転できるようになった。

親父はたぶん60歳で定年退職し、好きなことを始めた。陶芸、書道、たまにひとりで南米に行ったりもしていた。この頃には逗子《ずし》におふくろと二人で住み、修善寺に別荘を建て、おふくろの運転でしょっちゅう往復していた。文学青年だった親父は中伊豆が大好きで、名所をクルマで巡るのを何よりも楽しみにしていた。ところが、大好きなある旅館を訪ねたとき……確か親父たちが新婚旅行で行った古い旅館と聞いた覚えがある……もう二度と来ないでくれ、と門前払いを食わされたらしい。理由も言わずに。もちろん何も心当たりはなかったそうだ。

いったい何があったのだろう。

その後、親父とおふくろが修善寺の別荘に行くとき、ちょうどクルマの撮影で修善寺方面にいた僕と上手いこと時間が合って、一緒に亀石峠のドライブインでご飯を食べたことが一度だけある。親父はずいぶん小さくなっていた。親子なんてそんなに話題はないもので、自然にその旅館の話になった。僕が許せないね、と言うと、おふくろは本当に訳がわからない、と言った。親父は単純に残念そうだった。ドライブインから出て行く二人を見送って僕は撮影に戻った。夏の終わりの、ヒグラシの鳴き声が印象的な午後だった。結局理由を知らないまま、二人ともいなくなってしまったけれど、僕は近いうちにその謎を解明したいと思っている。

# 勝俣さんのこと

勝俣さんは小柄で寡黙、喋るときには細く小さな声でボソボソと喋るドライバーだった。僕が子供の頃にすでに50代だったはずだから、どう計算しても今ご存命とは考えられない。

僕は彼のことを祖母の専属ドライバーだとばかり思っていたが、大人になって、専業主婦だった祖母に専属ドライバーなどいるはずないことに気付き、あれは祖父の会社のドライバーで、祖母がいいように使っていたのだ、ということに気付いた。

祖母は週末になると母と僕たち兄弟を誘い、勝俣さんの運転するクライスラーでデパートに行ったり、レストランに行ったりした。クライスラーの後席は子供には大きすぎて、窓がずいぶん顔の上にあった印象がある。それとシートのクッションがふかふかして、さらにサスペンションがやたら柔らかくて、さらにさらに道は舗装されてない部分も多く、クルマはやたらゆらゆらと揺れて弟はしょっちゅう酔っていた。それを見るのが嫌で、僕はできる限りクライスラーの助手席に乗るようにしていた。後席では祖母と母が毎回のようになにか一生懸命話をしていた。思い出してみると、その大部分が祖母の祖父に対する愚痴だったように思う。母はそれを意見するでもなく聞き、時折酔いそうになっている弟をあやし、そんなことを気にも留めない祖母の話をまた聞いていた。勝俣さんはそんな後席での会話をまるで聞こえないかのように淡々と運転した。

我が家の力関係は、なぜか一番上にこの母方の祖母がいた。母がお母さん子だったからかもしれないが、父も血の繋がっていないこの祖母のことを大事にしていたから、結婚するときによほどお願いしてお嫁に来てもらったのかもしれない。

つまり週末、このようにみんなで出かけるときには父は一人、うちでお留守番だったというわけだ。それでも文句を言ったり、機嫌が悪くなった父を見たことがないから、父はそれはそれで一人でいることが好きだったのかもしれない。

祖母は祖父と仲が悪いんだ、と気付いたのは僕が小学校2年生になった頃だろうか。会話の中からふと、祖父にはよそに女がいる、ということが薄ぼんやりとわかった。よそに女がいる……それって悪いことなのか？　と思った。そういえば、我が家からバスで10分ほど行ったところにある祖母の、いや祖父の家に祖父がいるのをほぼ見たことがないな、ということに今さらながら気付いた。今なら、それが半分別居状態だったとはっきり言えるのだが、子供の頃にそんなイメージができるわけもなく、怖い人がいない方が祖母の家に行きやすくていい、くらいに思っていたのだろう。

母と祖母のコミュニケーションは本当にタイトで、電話は毎日、実家通いも週の半分以上。そんなわけだから、勝俣さんのクルマで外出しないときは祖母の家に母と一緒に行っていた。

プロレスが好きで、テレビはいつもプロレスがかかっていた記憶がある。

ある日、祖母の家でこたつに入っていると、祖母が母にクライスラーが真っ二つに割れてしまった、というようなことを告げた。子供ながらクライスラーが縦に真っ二つに割れているところを想像した。母は事故なのか、と尋ねると、朝、勝俣さんが見たら自然に割れていたのだ、というようなことを言い、僕は恐ろしい気分になった。クライスラーは怖いクルマなのだ、と思った。

それから間もなく、勝俣さんのクルマは国産のプリンスグロリアに替わっていた。クライスラーよりもずっと窓が広く、明るいムードで嬉しかった。

夏休みになるとこのクルマで山中湖にある祖母の、いや祖父の別荘で過ごす、というのが恒例になった。まだ高速道路なんてないから、3時間以上かかった。途中、猿橋というところで休んで、そこから1時間弱くらいだっただろうか。勝俣さんはクルマを降りるとフウッとため息をついてから、ひっそりとタバコを取りだし目を細めながら吸っていた。

そしてまるで車中で聞こえていた会話を吐き出すかのように煙を吐き出していた。

何度か勝俣さんにクライスラーが真っ二つに割れた話を聞こうとしたが、はぐらかされてばかりで、結局真相はいまだに闇の中だ。

祖父が本格的に祖母の家から出て行ったのは僕が中学になってからだと思う。のちに叔母から、祖母は祖父のベッドを鉈《なた》でたたき割ったと聞いた。すごい話だ。その姿を想像すると、まるで昔話に出てくる鬼婆だ。でも、これまた今ならそれも理解できる。祖父に対する気持ちがまだあったということなのだろう。真っ二つになったクライスラーと真っ二つになった祖父のベッド。どちらも信用するにはあまりにも大袈裟だ。でも間違いなく言えることは、勝俣さんは真相を知っているということである。最後まで祖父の会社に勤めていた彼なら、全部知っているに違いない。ああ、あの頃に戻って真相を聞いてみたい。

# 夏の終わり

今の家に引っ越してきて18年が経つ。越した当初は自分の背丈よりちょっと高いくらいだった周りの雑木たちは、もはや雑木林と言っていいくらいに育った。10メートルはいかないにしても、それに近いくらいはあるだろう。従って夏になるとセミが一斉に鳴き出す。1950年代生まれの僕にはなくてはならない風物詩だ。基本はアブラゼミだが、ミンミンゼミが混じり、そしてツクツクボウシが混ざる。この数年はツクツクボウシが優位だった気がする。セミたちの声に聞き入りながら、今までずっと聞きたくて、でも聞くことのなかったある声が、今年から突然聞こえるようになった。ヒグラシである。僕はヒグラシの鳴き声を聞くと胸が摑まれるように切ない気持ちになる。それがなぜだか、いまだにわからないでいる。

ヒグラシの声で僕が真っ先に思い出すのは朝比奈峠。まだ周辺に高速道路もなかった頃の峠道だ。僕はたぶん小学校高学年か、あるいは中学に入りたてか。伯母の運転するクルマの助手席にタイムスリップする。夏といえば、伯父、伯母の住む鎌倉、と決まっていた。若い頃、結核で片方の肺を失っていた二人には子供がなく、だから僕が居候することをやたら歓迎してくれた。鎌倉、という場所も重みがあって好きだったんだと思う。

隣の家はやたら大きくて、庭にはテニスコートがあり、そこでは和歌子ちゃんというお姉さんがときどきテニスをやっていた。もちろん話したことなどなく、顔だってはっきり見たこともないくせに、なぜか和歌子ちゃんと聞くとどきどきした。絶対に可愛いに違いない、と思い込んでいたのだ。

伯父の趣味はオーディオ製作。ラジオ製作が高じてそうなったのだが、もうひとつがカメラ。今思うと、この伯父の影響は計り知れないと思う。一方の伯母は音楽が趣味で、親戚の中でただひとり、僕を音楽家に育てたいと公言していた。そして親戚の中でただひとり、クルマの免許を持っていた。どこかに出かける、と言えばついて行き、何もすることがないときはオーディオ製作をする伯父をずっと眺めていた。あ、隣の家をこっそり覗いたこともあったな……。

子供の頃からクルマ好きだったことを知っている伯母は、クルマを買い替える際には僕に相談をした。僕は僕で、子供のくせに懐事情を考えながら、次のクルマを提案した。だからたいてい僕の意見は通った。ヒルマンからシンガー、そしてハンバー、ローバーと、今考えてみると全部イギリス車だった。免許を持たない伯父は、僕がいないときはきっと助手席だったのだろうが、僕が行くと必ず後席。僕はいつも特等席の助手席だった。

何の話からそうなったのか、覚えていないが、シンガーをちょっと動かしてもいい、と伯母に言われた。和歌子ちゃんの家とは反対側の、伊藤さんの家の広い庭でのことだ。動かすと言ったって2メートルくらいバックさせて、クルマを停めるだけ。いつも見ていたから、そんなものどうってことない……と考えたはずだ。でも、初めてハンドルに触ると、想像とは全然違った。なんだかやたらねっとりとしており、想像よりもずっと回さないといけなかった。そんなことに気を取られているうちに木が迫ってくる。危ない！　ブレーキ！　その瞬間、僕の足はブレーキに届かなかったのである。それだけ僕はまだ小さかったってことなのだろうか。クリープ状態のままクルマは木に衝突し、バンパーとリア周りが凹む。あっと声を失う伯母。あの日ほど落ち込んだ日はなかったと思う。もうクルマの運転は一生しない、と心に誓ったほどだ。

次の夏に鎌倉に行くと、まだこのクルマの後ろは凹んだまま。心が痛んだ。今思うと、リア周りのモール類の取り寄せに時間がかかったに違いない。それでも伯父、伯母はいつも通りで、僕は凹んだクルマの助手席に座り、あっちに行ったりこっちに行ったり。でも、年を追うごとに、僕は少しずつ大人扱いされていったように思う。そしてそれが妙に心地良かった。

きっと時期が来たら僕も免許を取るのだろうな、とうすぼんやりイメージした。そんなに遠いことではない気がした。いつものことながら1か月ほどの滞在はあっという間に終わり、最後はたいてい横浜まで送ってもらって、そこから電車で帰る。帰りのクルマの中はいつも切なかった。黙ったまま重い空気が流れた。ずっと鎌倉にいたい、と思いながらもクルマは朝比奈峠に差し掛かる。両側はちょっとした山。そのうっそうとした木々の中から「カナカナカナ」というヒグラシの蟬時雨《せみしぐれ》が聞こえてくる。まるで降り注ぐように聞こえるその音が、夏の終わりを、そして子供でいることの終わりを暗示しているようだった。

# 第二章
# バンドライフ、カーライフ

## フォークバンドとクルマ

音楽とクルマ、というのは切っても切れない関係にある……とはよく言われることだけれど、ミュージシャンにとっては死活問題というか、とにかく楽器を運ばなければならないわけだから切るも何も、楽器と同じくらい大事なもの、ということになる。

僕は高校、大学の1〜2年くらいまではフォークのバンドをアマチュアでやっていて、ギターだのバンジョーだのを小さなスプリンターに積み込んで先輩の家に練習に行った。リーダー格の人は成城大学の人で僕よりも2歳上だったか。井の頭公園近くにあるこの人の家で練習することが一番多かった気がする。当時はまだ、駐車禁止などというものが緩くて、それこそ近くにどこでも停められた。2ドアのこのクルマから楽器を何台も取り出すのは大変だった記憶があるのだが、それは今と違ってトランクスルー機構がなかったり、助手席が簡単にスライドしなかったり、まあ今は当たり前とされていることが何もなかったからだろう。バンドは僕以外みんな年上で、だから僕だけが敬語なのだけれど、音楽の話となると僕がイニシアティブをとった。コピーバンドだったから、オリジナルのレコードを聴いてコードを書き出したのも、コーラスのラインを耳で聴いてメンバーに教えたのも僕だったからだ。生意気な下級生である。それでも先輩たちはそんなやつの意見を尊重してくれて、大事にもしてくれた。だから僕は本当にこの人たちといると居心地が良かった。

僕たちは小さなサークルに所属していた。年に一度か二度、そのサークルはイベントをやるのだけれど、それが僕たちにとって一世一代の出来事で、試験より何よりも大事だった。とはいえ、このバンドはたいした実力もなく、イベントでは毎回ひどく落ち込みながら帰った記憶がある。たった数曲歌うだけなのに、緊張をし、声はうわずり、指がもつれ、何をしゃべってもだめだった。この先輩たちとでは絶対に上に行けない、と密かに思っていた。性格のわからない他の人たちと組むのか、それとも居心地のいい今のままで行くのか……。イベントからの帰りに、よく先輩のマークⅡの後席で窓を開けて風に当たりながらそんなことを考えていた。そう、まだクーラーが付いているクルマは少なかったんだな。でも、その風がなんとも心地良かったのだけは覚えている。

先輩の一人が就職活動で抜けて、僕は新たに音楽好きの同級生を誘った。フォークなんて、などと言うようなやつだったが、居心地のいいバンドは気に入ったようで、あっという間に馴染んでいった。そいつは学校では自動車部に所属しており、家のクルマは確かブルーバードSSSだった。夏に山中湖にある彼の別荘で合宿をした。合宿をしてもたいしてうまくはならなかった。先輩たちだけが原因ではなく、この僕自身にも原因があるのだ、と思うようになった。練習の合間には旭日丘までよく買い出しに行った。同級生の運転で舗装のない火山岩で出来た道路を走った。赤い土煙があがった。彼は自動車部だけあって、こんな路面でも結構飛ばした。ブレーキとシフトダウンを同時にやってのけるいわゆるヒール&トゥを初めて見たのもこのときだった。全然興味は湧かなかった。だから何だよ……程度だ。

大学のキャンプストアから仕事の依頼があったぞ、と先輩が言った。夏だけオープンする広告研究会だったかなんだかの逗子《ずし》のキャンプストアで歌うというのである。人前でやるのだ。毎回屈辱的な思いをする僕らが、リベンジをするいいチャンスじゃないか。しかも毎日何ステージも、1週間もやるというのだからこれ以上いい練習はない。みんなで喜び勇んで出かけた。始まってみるとお客はいつも4～5人。まあ多くて15人程度。それでも人前でやるのは楽しかった。多少の拍手はもらえる。ギャラはそれで十分だった。夜中は民宿みたいなところで明け方まで話し込む。たいていはガールフレンドの話だった。

眠い目をこすりながら、翌日、路上に停めてあるクルマの横を通って海岸に出ようと、ふと見ると先輩のマークⅡが妙にシャコタンになっている気がした。あれ？　何だか変だぞ……。近づいてみるとクルマのタイヤは全部なくなっており、その代わりにブロックが置かれていた。大変だ。タイヤが盗まれた。どうやら先輩は海の家に来る直前にタイヤを換えたらしい。プロはちゃんと見ているのだ。路上に停めておいた僕たちが悪いのか？　とはいえ、当時この近辺に駐車場なんてなかったし、停めていた路上も駐車禁止ではなかったはずだ。先輩は泣く泣くどこかに電話をし、それからどうしたんだろう。新品のタイヤを再度買ったのかどうしたのか。不思議なことに、いまだにこの光景がこのバンド時代の一番強く残っている思い出である。

中学1年。自宅にて。買ったばかりのホダカのギターを自慢げに持っている自分。時代はベトナム戦争が始まり、なんだか将来が今よりも真っ暗だったかもしれません。

18歳。僕の……いや我が家の最初のクルマの前で。でかい化け猫がクルマを食っていたのもこの場所。もちろん夢の話です。いやあ、クルマに夢中でした。

# 芋虫

蝶《ちょう》と蛾《が》。似ているけれど僕にはものすごく違う。善と悪くらい違う。蝶が飛んでくると美しいな、と思い、蛾が飛んでくると怖いから逃げる。よくよく考えてみると変な話だ。違いといえば、蝶は基本的にボディが細く、とまるときに羽を立てる。蛾はボディが太く、とまるときには羽を寝かせる。ん?……これでいいんだっけ? 昆虫のことをあまりよく知らずに書いているのでちょっと自信がなくなってきたぞ。とにかく、そんなに違いはないはず。なのに、これほどまでに違いを感じるというのはいったいどういうことか。

大昔は東京にももっと蛾がいて、夜になると電球の明かり目指して飛んで来て、僕は毎晩パニックになっていた記憶がある。それはともかく謎なのは幼虫のときだ。いわゆる芋虫、毛虫。幼虫のときには蝶も蛾も見た目はほとんど変わらないではないか。いや、変わる。蛾の幼虫は明らかに幼虫の頃からグロテスクだ。見るだけで気持ち悪くなるくらい派手で、特にスズメガの幼虫などは、イギリス軍の戦闘機の羽根についたマークのような模様で異常な雰囲気を醸し出している。ああ、思い出しただけで怖い。のそのそと動き回るだけなのに怖い。

あれは僕が大学1年の頃だったか。つまり1969年あたり。親父は胃潰瘍《いかいよう》で、なぜか神奈川県の戸塚にある病院まで僕の運転で通っていた。病院に行く日は朝が早い。たぶん6時過ぎに起き出して、7時前にはうちを出るためにいろいろと準備をしていた。トイレに行って、昨日の一昼夜、物干し竿に干してあったジーパンをはいて、ちょっとだけパンをかじって、みたいな感じ。それでもおふくろに急かされてクルマに乗る。遅れてもいないのに、いつも急かされるのだ。

2ドアのカローラスプリンター。記念すべき我が家の1号車である。胃の具合の悪い親父は後ろの席。おふくろは助手席。眠い目を擦り擦り、クルマを発進させる。眠いからクラッチのつなぎかたが下手だ。すかさずおふくろが言う。「もっとそっと動かしてよ」。いやいや、そんなに下手ではないのである。タクシーだってこの程度だぞ。細い路地を出て、今で言う環八《かんぱち》へ。当時はまだセンターラインが引いてあるだけの片側1車線の道。朝の渋滞はこの頃からあった。「間に合うかしら」とおふくろ。そっと動かせ、と言ったり、早く行けと言ったり、まったくいい加減にしてほしいものだ。ふと左膝の横あたりがムズムズとした。

僕は子供の頃から皮膚が弱い。ジーパンの刺激だけで痒《かゆ》くなることがあるのだ。無意識にぽりぽりと掻《か》く。ジーパンはサイドに継ぎ目があってごわごわとしている。でもこの日のごわごわ具合はちょっと違った。中で継ぎ目の布きれがおかしな事になっているのかな。と思いつつ、でも急げという母親の命令に従って黙々と運転をする。ふたたびモゾモゾ……。嫌な予感はしたのだ。嫌な予感が当たらないように、今度はそっと手を触れる。ん？　何かが動いた気がする。いやいや痒みというのはそういうものだ。そんなわけない。どんなわけだかわからないけれど、頭の中はちょっとしたパニックだ。あれだったらどうしよう。もしあれだったら僕は気絶するかもしれない。で、信号待ちの間、僕はふとジーパンのムズムズするあたりにほつれを見つけ、神に祈るような気持ちで、そこをビリッと破った。もちろんそっと、である。強く押してあれだったらとんでもないことになるから。ああ、あのときのショックは僕の文章力では表現不可能だ。僕の皮膚が見えるはずのその隙間には、あのイギリス軍の丸いマークのようなものがウネウネと……。もちろん叫んだ、と思う。ゴキブリが苦手な女子にゴキブリが襲いかかったときのような声で。

そのあとの数分間は覚えていない。いい加減にしろ、と後席から怒鳴られたような気もする。それでも運転は続けた。どこかに停まってジーパンを脱ぐなりなんらかの方法はあったのだろう、と今なら思う。でもパニックというのはそういうことだ。つまり何もできない。何もアイデアが浮かばない。それまでやっていたことを続けるしかできないのだ。引きつる左足でクラッチを繋ぎ続け、信号で停まるたびに母親は僕のジーンズを破り、ついには太くて恐ろしいやつを車外に追放した。そしてその先、病院までのことも、もちろんその帰りのことも何も覚えていない。親父は結局この後手術する羽目になるのだが、このときの出来事がだめ押しになったのは間違いない。

渋滞で変な動きをするクルマを見る度、僕はいつもあのときのことを思い出す。芋虫……？　かもしれない、と。

# 揺れる橋

「イタリアではクルマがなかったらカップルは成立しないよ」とジローラモさんは言った。イタリアではお母さんが怖くて、家で、なんて考えられないそうだ。とにかくカップルはクルマで。「だから小さいクルマは最悪ね」と続けた。フィアット500はその昔、彼の国では最もポピュラーではあったものの、アクロバットみたいな格好を強いられて最悪だったそうだ。

そういえば日本でも「クルマの中」が日常的に見られたことを思い出した。思い出すのは60年代終わりから70年代頭にかけて、だろうか。駐車禁止のエリアはまだ少なく、一方通行もまだ少なく、割合のどかな時代。夕方過ぎになると窓の曇ったクルマを一日に数度は見かけた。高校生だった僕は最初、まったくその意味もわからず、気にもならず見過ごしていたのだが、あるときバンドの先輩が教えてくれた。あれはクルマの中でやっているんだぜ、と。

それを聞いてから、僕の見る目は180度変わった。曇った窓のクルマを見ると気になって仕方がない。しかも曇った窓のクルマは、ある一定の場所に複数駐車していることがわかった。たとえば神宮の銀杏並木の下だ。絵画館前へと続くあの道である。

テニスコートの隣にクラスメートが住んでいたこともあり、あの道はよく通った。通るたびに地下鉄の駅までの道を回り道しながらカーウォッチ（?）するのである。たまに曇りが足りなくてうっすらと中が見えるクルマもあった。それでもクラスメートはあまり興味がないのか、それとも気が弱いのか、それ以上、立ち止まって観察するということはなかった。ただただ遠くから通り過ぎるだけ。僕はそんなものを見ながら何を思ったのだろうか。いつかは僕も、とでも思ったのだろうか。

「おい、いい場所があるぞ」とバンドの先輩が言った。それは東名高速にかかる橋の上だという。バンドの練習の帰りに通って観察しようぜ、と言う。あの頃、僕はまだ免許を持っていなかったはずだ。だからその先輩のクルマにバンド仲間4人とぎゅうぎゅう詰めになりながら、その道へと向かった。狭い道をぐるっと回り込んだところにその橋はあった。両側にぎっちりと並ぶ駐車中の車両。駐車する理由はひとつしかなかった。だってその周りには畑しかなかったのだから。

案の定、よく見るとほとんどのクルマの窓が曇っている。曇っていないクルマは、今来たばかりか、それともひと仕事終えてこれから帰るクルマか。よく見ると揺れているクルマもある。いや、ほぼみんな揺れている。まるで橋ごと揺れているかのようだ。いったいここはどこなんだ？　胸が締め付けられるような気がした。悪い先輩が言った。「ちょっといたずらしようぜ」……そう言うと彼はクルマを停め、そっと駐車中のクルマたちに近づく。何をするかと思えば、曇ったガラスのクルマの後ろに回り込んでバンパーを揺らすのである。最初は自分たちが作った揺れのせいだと思うのか何も起こらないのだけれど、それにしても不自然な揺れにいきなり起き上がるカップルたち。それを見ながら大笑いする先輩たち。あれで破局を迎えたカップルには何と言って謝ったらいいのだろう。

それにしても、あんなことをする僕たちもなんだか暇だったということなのか。バンドの練習の帰りには何度となくこの場所を訪れた。何もすることなく通り過ぎたこともあったけれど、たいていは徐行くらいした。男と目が合ったときもあるし、女と目が合ったときもある。そういうクルマたちはその後、そそくさとエンジンを掛けて出て行った。僕はこの程度で十分だと思った。これ以上は怖いからやめよう。少なくとも揺らすのはやめよう、と提言したのだが、先輩たちはそれを軽く却下した。

そしてある日、またクルマを停めると曇ったクルマの背後に近づいたのである。なぜ僕はあのときクルマの中にとどまっていなかったのだろうか。バンド仲間として、仲間はずれになるのが怖かったのだろうか。とにかく誰かがクルマを揺らし、それでびっくりしてエンジンを掛けるはずだったのが、いきなりクルマのドアが開いたのである。男だった。男はクルマから飛び出してくると、一目散に僕たちに向かって走ってきた。蜘蛛の子を散らすように逃げ回る僕たち。ものすごい勢いで逃げたと思う。その間数秒、いや数十秒だったはずだが、何十分にも感じた。ハアハア言いながらみんなで集合すると、さすがにもうやめよう、という話になった。でも……と誰かが言った。覚えてないか？　あの男、裸足だったよな。それからベルトが半分くらいぶらぶらしていたよな。記憶の断片をみんなでつなぎ合わせるとかなり面白い格好だったようだ。

あの時代……。今となってはほとんど見ることがなくなったあの光景。そして特に思い出されるあの揺れる橋……。実を言えば現在、僕はあの揺れる橋から50メートルのところに住んでいる。もちろんそれは偶然である。

# バンドライフ

70年代初め。僕の年齢で言うと二十歳前後。僕は（アマチュアバンドを卒業し）お金をもらうプロのバンドの一員として、大学にもろくに行かずに働いていた。いや、音楽をやるのを働くとは思わなかったから、正確に言えば何と言ったらいいんだろう。バンド活動をしていた、と言えばいいのか。バンド仲間のうちの何人かは、すでにプロのようなことをやっていて、つまりスタジオで演奏をしてお金をもらうようなことをやっていた。彼らはそういうスタジオでの活動を「仕事」と呼んだ。音楽をやるのが何で仕事なんだ？　と、ものすごく抵抗があったのだけれど、お金をもらうことをそう呼ぶのなら仕方ないか、と自分を納得させた。

僕たちバンドは埼玉県狭山《さやま》市にあった米軍ハウスの払い下げみたいな一軒家に4人で暮らしていた。間取りは10畳くらいのリビング、4畳くらいのベッドルームが2つ。これで家賃が1万2000円なんだから格安もいいところだ。この払い下げエリアには、僕に言わせるとアングラ系のいろいろな人たちが住んでいて、僕らがここで暮らすようになってからも、続々とその人数は増えていったように思う。

さて、僕らがここに住むことを決めたとき、みんなで相談をして、とりあえず必要なものを、お金を出し合って買おうじゃないか、という話になった。ピアノも欲しいし、ストーブも欲しい。冷蔵庫も欲しい。でもそれより何よりクルマだ、ということになった。そして誰が探してきたのか忘れたが、12万円でワンボックスのバンを買うことになった。ひとり3万円は痛かったけれど背に腹は替えられない。そうしてやってきたバンは値段相応のシロモノで、手入れもろくにされていないのが見え見えだった。一番怖かったのはオイルで、停めておくと翌日は必ずオイルの小さな池が出来ていた。オイルがなくなってエンジンが焼き付いたらどうするんだよ、とも思ったが、メンテナンスするようなお金もなかったから見て見ぬ振りをした。

近郊でコンサートがあるぞ、と言えば、このクルマに4人とドラムセット、スチールギターにアンプ、そして僕の電気ピアノをぎゅうぎゅうに積んで出かけた。僕が運転をしたこともあれば、ドラムの林立夫《たつお》が運転をしたこともあった。ベースの後藤次利《つぐとし》の運転はちょっと怖かった。どう怖かったのか、あまり思い出せないのだが、とにかく怖かったのでたいていは僕がすぐに運転を代わった。ハウスを出て割合すぐに関越自動車道に乗って東京に向かう。でもまず、三芳《みよし》パーキングエリアに寄ってガソリンを入れ、ついでに僕たちも飯を食った。お金がないから当然たいしたものは食えなかった。ガソリンだって10リッター入れてください、みたいな感じ。このクルマに腹一杯ガソリンを入れてやったことなんてあったのだろうか。たぶんほとんどなかったと思う。ステアリングを握って再び高速道路に出るとハンドルはどちらかに取られた。つまり、真っすぐに保とうと思っても、どちらかに寄っていってしまうのだ。ガーガーと苦しそうな音を立てるエンジン。そしてどこからともなく香ってくるガソリンの臭い。いつ止まっても不思議はなかった。そんなことを言いながらも僕たちはいつもこのクルマと一緒だった。

　そうそう、当時の僕らの給料はどんなにコンサートをやっても月3万円。しかも、その事務所において僕らは新米に近かったから、何も文句は言えなかった。大阪で大きなイベントがあるぞ、と言われれば、新幹線ではなく楽器車。とはいえ、ぶっ壊れそうな僕たちのバンではなく、もう少しだけマシな事務所所有のバン。宿代を浮かせるために深夜に走る。同じ事務所に所属する他のバンドの楽器も載せ、室内はさらにぎゅうぎゅう。僕は後席に、ほぼベースアンプにつぶされそうになりながら大阪に向かった。今だったら10分も我慢できないはずだが、よくあんな劣悪な環境で大阪まで辿り着けたものだと思う。運転する方がよっぽどましだから、僕に運転させてくれ、と事務所のマネージャー兼ドライバーに頼んだけれど、簡単に却下された。ひどいやつだ。何度かサービスエリアで停まり、給油。でも僕たちの給油、いや食事はなかった。自前でやれ、と言われ、カップ麺をすすった。ようやくのことで通天閣に着いたのは正午頃で、やたら陽が眩しかったのを覚えている。当時はフェス形式で多くのバンドが出演するコンサートが大半で、これもそのうちのひとつだった。広場では「ごまのはえ」という変な名前のバンドがリハーサルをしていて、そのネーミングと通天閣の佇まいにカルチャーショックを覚えた。真っ青な顔の後藤と近くのそば屋に入ってざるそばを注文した。ざるそばにはうずらの卵が付いてきてびっくりした。そうか、これが初めての大阪だったんだな、と気付いた。

# お化け

あれはたぶん20代後半だったと思う。クルマの世界において一番かっこいいことは運転が上手いことなのではないか、と確信していた。運転の上手さにもいろいろあるが、とにかくクルマと一体になるまで練習をしよう、と夜な夜な峠道に出かけていた。峠道に行く理由はもうひとつあって、それは当時愛読していた『カーグラフィック』誌に出ていた「いつものコーナー」というのがいったいどこにあるのか探したかったのだ。写真には道路の脇に何キロという距離表示が書かれた小さなボードがいつも写り込んでおり、これを頼りに夜中の峠道を、目を凝らしながら走るわけだが、そこが箱根の有料道路であることを発見したときは狂喜乱舞だった。

当時は運転が上手くなりたいという人間は多く、知り合いのレコーディングエンジニアもその一人だった。族上がりの彼は年下ではあるものの、クルマを転がす、という点においてはかなり自信があるらしく、なにかと人の話を否定するものだから、それじゃあ今夜一緒に走りに行こうぜ、ということになった。そして不思議なことに2台で連なって走るのではなく、僕のクルマに乗って話しながら行こうと言うのである。僕が中古で買ったポルシェに乗ってみたかったというのもあるのだろうけれど、たぶん、僕のドライビングテクニックにいちいちケチを付けながら行くつもりだったのだろう。

時間は夜中の1時を過ぎていたのではないか。昼間は有料道路となるその道は、夜は料金所に人もいなくて、おまけにゲートも開きっぱなし。つまり、練習してください、と言わんばかりのワインディングロードだ。ここが「いつものコーナー」なんだぜ、などと言いながらハイペースでウネウネ道を飛ばす。真っ暗なその道はすれ違うクルマもなく、まさに我々だけ。もし側溝にでも落ちたりしたら明日の朝まで誰も助けに来てくれないだろうな、などと思うとハイペースとはいえ無理はできない。それに真っ暗な中に動物でも出てきたらどうしようもないだろうし。結構急なカーブを右へ左へと走っているうちに、昼間ならそうとう見晴らしがいいだろうと思われる展望台をいい感じで通過……のはずだった。それまで族時代の話などを饒舌《じょうぜつ》に話していた彼が一瞬黙り込んだ。そして僕も黙った。変な沈黙がクルマの中を包み、それから帰途についても僕たちの会話はほとんどなかったように思う。実を言えば僕たちはその展望台で見てしまったのだ。着物を着た女の人が月明かりの中にぼうっと立っているのを……。おかしなもので、本当に怖いときに人間は何のリアクションも起こせないらしい。何だあれ！　なんて言えないのである。ひたすら夢であってくれ、と祈るばかり。いや、運転中に夢を見る方が怖いかもしれないのだが。

そんな話が笑ってできるようになるには、その後数か月が必要だった。あるときレコーディングスタジオでその話をしていると、担当ディレクターが面白い話があると言う。ちょっと軽い感じの彼は、やはり友人とお化けが出ると言うので有名な逗子《ずし》のとあるトンネルに夜行ったのだそうだ。そして脇にクルマを停め、何時間もお化けが出るのを待った。当然のことながらお化けなど出るわけもなく、すごすごと帰ろうとしたときに、はたと悪い考えが頭をよぎったらしい。急いで友人宅に行くとシーツを持ってトンネルに戻り、トンネルの向こうからクルマが来ると見るや、シーツを被ってゆらゆらと揺れながら出て行ったのだそうだ。トンネルの向こうにそんなものが見えたら、人はいったいどういう気持ちになるのだろう。だいたいのクルマはトンネルに入るやいなや、急停止したかと思うと蛇行しながら戻って行ったらしい。

それが面白くてさあ、と彼は続けた。結局、何時間やったかなあ、4時間くらいはやったと思うよ……。最後は飽きてやめたのか、と聞くと、それがさあ、と言う。

「またクルマが来たので、ヒュ～ドロドロ、なんて言いながらやっていたら、そのクルマは急停止したもののバックして行かないんだよ。だからこっちもむきになって、オラオラ～お化けだぞ～なんてやっていたわけ。そしたらさあ、徐行しながらこっちに来るんだよ。だからこっちもさらにむきになって……。そのときアッと思ったの。だけどもう遅かった。ルーフの赤いライトがピコピコし、けたたましいサイレンが鳴りだして……」

結局、彼は警察に捕まってひどいお説教を食らったそうだ。この話は他の雑誌に書いたこともあるので、今回で3回目くらいになるが、僕が言いたいのは、あのトンネルでお化けを見たと思っている人がいたとしたら、そのおバカディレクターかもしれないということだ。僕たちがあの峠で見た着物のお化けも、その類いだったと信じたい。世の中には暇な人や暇なお化けもいるのだ。

PORSCHE

# 同時進行

この話題は、どこかで書いたことがあるのだが、ちょっと面白いのでもう一度書いてしまおうと思う。あれ？　2度目だったよなあ……3度目だったか……？　スタジオミュージシャンが高額納税者であったという、はるか昔の話、である。またまた40年くらい時間を巻き戻してもらえると助かる。僕はまだ駆け出しのミュージシャン。とはいえ、ただのピアノ弾きから、譜面を書いて編曲をするというアレンジャーになりたての頃だ。ピアノを弾くだけだと時給６０００円程度、アレンジをするとプラス1万２０００円くらい。これも一度書いた。今思えば2日以上かけてうんうん唸りながら譜面を書いて1万２０００円は安いよなあ、と思う。

書いた譜面は、それぞれの楽器の出来るスタジオミュージシャンたちが演奏する。いや、演奏していただく。少なくとも当時はそうだった。ミュージシャンはインペグ屋といってミュージシャンの置屋みたいなところが集める。そしてスタジオに一同集合するわけである。面白いのは楽器の種類ごとにクルマの趣味がほぼ決まっていることだった。ドラムあたりは楽器運びがあるので、当然のことながらワゴン。それも割合地味に国産車が多かったように思う。ギタリストはちょっと目立つクルマが多かったような。まあ、今でも派手なクルマに乗るギタリストが多いのはご想像の通り。ストリングスはちょっと偉くなるとドイツ車である。ま、オーケストラはヨーロッパが本場だから、なんて考えると当然かなあ、と。でもって最も派手なのがフルサイズのアメリカ車に乗ってくるブラスの連中。もう、この人たちが本当に怖かったのだ。

僕が、おふくろにぶつけられて凹んだボロボロの国産車で行くと、この人たちのクルマで占領されていて駐車場はいっぱい。仕方なしに近所の駐車場を探しにぐるぐる回るといった具合。当時はコインパーキングなんて洒落たものはなかったから大変だった。運良く僕が先に来て停めていると、「おい、あの汚いクルマは誰んだ?」とか言われて移動させられたり、とか。まあ、どの世界でも駆け出しなんてみんな不条理な目に遭うわけです。

不条理な目に遭わせるのは年上のミュージシャンばかりではない。インペグ屋のおやじも、駐車場のおじさんも、である。僕の知る限り、スタジオの駐車場のおじさんはみんな揃って意地悪だった。目の前に空いているスペースがあるのに、ここは予約が入っているからダメ、とか。「それでは近くにどこかありませんか?」と聞いても「知らねえな」みたいな。今でも記憶に残っているのは2台停められるスペースのど真ん中に1台の高級スポーツカーが停められていて、僕がおじさんに、「普通に停めれば2台入るのになぜですか?」と聞くと、あの人は売れてるからいいんだ、みたいなことを言われたりして。一度、頭にきて「それじゃあ帰るから責任はおじさんが取ってくださいよ」と啖呵《たんか》を切ったこともあるが、ふうん、と鼻で笑っただけで何の効果もなかった。もちろん僕も帰れるわけもなく……。気が弱いよなあ。

さて、面白い話はここからである。そんなわけでスタジオの広い待合室で隅の方にこっそりと座って開始時間を待つ僕である。待合室の真ん中ではブラスの連中が大声で下品な話に夢中。ところが有名な作編曲家の先生が入ってくると、こういう連中に限ってささっと特等席を譲るわけだ。先生はおもむろにラジカセを取り出し、まっさらな譜面を広げ、なにやら書き始める。えっ？　当日書くの……。僕はびっくりである。こっそり見ると、なにやらものすごい勢いで書き込んでいらっしゃる。普通、フレーズは考えてから書くものなのに、この人は考えるのと書くのが同時のようだ。あまりの衝撃に、その話を当時つきあい始めたばかりのかみさんにすると、「知らないの？　あの人は今一番売れていて、1日に10曲以上やるんだよ。間に合わないときは2台のラジカセを並べて、2種類の仕事を同時にやるんだよ」と言う。えっ？　そんな神業みたいなことができるの……。そこで僕は完全に自信喪失、というわけ。

どう考えても僕には無理だ。2曲違う音を同時に聴いたら頭の中がグルグルになるはず。それでも、才能のある人というのはその中から音を抽出できるのか……？　この話、恥ずかしいことにほんのちょっと前まで信じていたのだ。そして偶然その先生とお話しする機会があり、2台同時、という話を恐る恐るしたところ、こんなふうに言われたのだった。

「君、クルマ2台並べて同時に運転できますか？」

先生曰《いわ》く、ラジカセを2台並べたときもあるが、それは片方が壊れたから。そして、ものすごい勢いで書いていたのを見たとしたら、それは譜面を写すだけじゃなかったのかな、と。僕はいまだにドアのないクルマを2台並べて、隙間から落ちそうになりながら必死に運転する夢を見ることがある。

# 社長とベンツ

デビュー当時、かみさんの所属していた音楽出版社の社長のMさんは、周りから冷血動物のような言われ方をしていた。確かに、へらへらと笑うくせに銀縁眼鏡の奥に光る目は決して笑ってはいなかったし、どこか人の話をまったく聞いてないようなところがあった。後世に残るような作品を書いた作曲家でもあるのに、大先生と呼ばれるのを妙に嫌っていた。

小さな音楽出版社がその後レコード会社まで上り詰めたのは、とある老舗のクルマ輸入販売会社のバックアップがあったからだ。だからスタジオも輸入販売会社のすぐそば。芝浦の運河のほとりだ。スタジオ前に運転手付きの大きなベンツが停まっているときは彼が来ているということを意味した。運転手はちょっと嫌なやつで、20歳そこそこの僕とは口も利きたくない、という風だった。

一方、目の笑わない社長は、嘘か本気か、いろいろなことを僕に任せてくれようとしていた。それは僕の才能を認めてくれている、というよりは、自分でやるのは面倒だからだったのだろう。音楽で食っていけるかどうか、という瀬戸際の僕は、必死にそれに食らいつこうとした。僕にはそれしか道はなかったのだ。

なんとか結果が付いてきて、まあ多少は認めてやろう、という気になったのか、しょっちゅう家に呼ばれるようになった。文京区の方にある大きなマンションの、あれは何階だったのだろう。入ると薄暗くてお香の香りがしていた記憶がある。仕事の話をするわけでもなく、Mさんはこれを聴け、あれを聴け、といろいろなレコードをかけた。でも実は、それよりも僕が普段聴いている曲がどういうものなのかを知りたかったのだと思う。人の話を聞かない彼が、そういうときだけは真剣にメモをしていたのが印象的だった。

そんなある日、ふと一緒にゴルフに行こうという話になった。僕の伯父がゴルフ場を経営しているのを知ったからである。「よし、明日暇だから明日行こう」

人のスケジュールなんてどうでもいいのである。結局、レコード会社のかみさん担当のディレクターのSさんと3人で行くことにし、僕は伯父に恐る恐る電話をした。「仕方ないな」くらいは言われたと思うが、翌日の予約を無事取ることに成功し、ひと安心で帰宅した。

いったい何時だったのだろう。夜の9時は回っていたと思うが、ふたたび彼から電話があった。

「今から出ようと思うからこっちにおいで」

「今からですか?　近くにホテルなんてあるんですか?」

「なんとかなるよ。それに泊まった方が楽だよ」

楽観的なのか何なのか、僕とは正反対の性格である。しかし、僕の将来の道はここからしか繋がっていない、と思うと当然選択肢は一つしかない。夜中に彼のマンションに集合し、そこから彼の大きなベンツに3人乗って出発した。運転手はいない。ハンドルは彼が握った。

茨城県にあるそのゴルフ場までは水戸街道をひた走る。常磐道が出来るのはまだ先の先である。

僕は助手席に座らされた。音楽の話をするためだ。左ハンドルのクルマの助手席はあれが生まれて初めてだったかもしれない。途中、遅いトラックを抜こうとセンターラインを越えたとき、対向車のトラックがもうすぐそこに迫っており、その激しいパッシングが目に飛び込んできた。

「神様、僕はここで人生を終えるのですか……」

しかし、次の瞬間、蹴飛ばされたような加速とともに、何事もなかったかのようにベンツは前に出ていた。社長は最初から全部わかっていたかのように音楽の話を続けた。

ゴルフ場の周りは僕の恐れた通り、ホテルなんて一軒もなかった。ひょっとして帰るのかな、と思っていたら桃色の怪しげな看板を指さし「ここにしよう」と言った。モーテル。ま、ラブホである。さびれた地域のさびれた場所。しかも夜中。従業員はなかなか起きてはこなかった。ようやく起きてきたのはいいけれど、3人の男を見て「だめだ」と言う。当然だろう。男3人ラブホで何をやるんだ？　結局社長は2万円くらい握らせて、これで頼むよ、と商談を成立させた。モーテルから思い切りはみ出したベンツのお尻が滑稽《こっけい》だった。

ラブホのベッドは3人が寝るには狭すぎる。そこで従業員に一組の布団を持ってこさせ、じゃんけんで勝ったやつがそこに寝ることになった。社長が勝ち、僕とディレクターはダブルベッドに。寝ぼけて抱きつかないように真ん中に毛布を丸めて堤防を作った。翌日のゴルフのことは全然覚えていない。やったことはやったのだろう。帰りに社長は疲れたと言って僕にキーを渡した。初めて運転したベンツのハンドルのすわりの悪さをいまだに掌《てのひら》が覚えている。

HOT
Lo

70年頃。知らないうちにミュージシャンになっていた……というのが正直なところ。団体行動が苦手な僕には居心地の悪い場所でした。いつも一人になりたかったことを思い出します。

写真＝野上眞宏

# 相棒

僕のマネージャーだったKの話をしよう。初めて知り合ったのは1970年だったか71年だったか。僕は一応プロのバンドの一員で、当時は大風呂敷を広げるのが得意な別のマネージャーが一人で仕切っていた。

僕はこいつが嫌で嫌で、心の中ではいつも「バカヤロウめ」と思っていた。以心伝心とはよく言ったもので、こいつには何度も「おまえなんか干してやる」と言われた。確かに、バンド時代の後半では、他のみんなが出ているようなイベントでも、僕だけ呼ばれなかったりとか、そんな意地悪をされていた。Kはいつ来たのかは忘れたが、この嫌なマネージャーの使いっ走りみたいな感じで、知らない間に近くにいた。冗談ばかり言って周りを笑わすようなやつだった。干されているバンドマンと使いっ走り。まあ、似たような境遇に感じたからか、割合すぐに仲良くなった。

ある日Kに、あんなやつは顔も見たくないんだよね、と漏らしたら、Kも、実は僕も辞めようと思っている、と言った。そうか、一緒に辞めるか、といった感じで、二人でフェードアウトすることを決めた。カットアウトでなかったのは、半分自信がなかったことと、たとえそれが嫌なやつでも、万が一仕事が来たらやろうと思ったからだ。これでやっていけるかどうか、なんてときはそんなものだ。

捨てる神あれば拾う神あり、で、僕を拾ってくれる神は割合すぐに見つかった。前の項で述べた音楽出版社の社長で、彼は学校の先輩でもあった。とはいえ、すぐに拾ってくれたわけではない。いくつかの仕事を通じて認められたのかどうか。とにかく彼によって編曲家への道は開かれたのだった。当時の僕の収入は演奏料が1時間6000円。編曲料が1万2000円程度。だから1曲編曲して演奏すれば3万円くらいにはなる。今考えてみれば、これで将来やっていけると思ったこと自体不思議である。まあ、若かったということだろう。インペグ屋と呼ばれるミュージシャン手配師によって仕事後、ギャラは現金で支払われた。僕は毎回Kとお金を前に、これが僕の取り分、これが君の取り分、なんて分け合った。7対3だったか6対4だったか。そりゃあそうだ。仕事の依頼は僕に直接。最初Kはやっぱりただの使いっ走りだったから。

実際問題、どこに行くときも、僕がクルマを運転し、Kは助手席だ。ある日、これはやっぱり変だ、ということで、それじゃ免許を取りに行く、ということになった。僕の記憶が確かなら、取得のためのお金を払ったのは僕だ。お酒好きな彼は、教習所よりは飲みに行くことを優先するからなかなか取れない。ようやくギリギリのところでギリギリの点数で取得。危なっかしいことこの上ないが、どういうわけだか、彼の両親がお金を出してくれたらしく、クルマは新車で買った。初代アコード。ベージュの瀟洒《しょうしゃ》なクルマで、Kにはむろん似合うわけもなかった。Kは運転がひどく下手だった。新車はあっという間に傷だらけ。それを見る度、本人よりも僕の方が落ち込んだ。

少しずつ、僕の仕事が順調になっていくと、Kは嫁探しに毎晩のようにクルマで夜の街に繰り出した。僕が家でうんうん唸りながら譜面を書いている間、やつは嫁探し……うーん、正確に言うならナンパだ。ある日、候補が二人いるんだけど見てくれないか、と言うので場末の飲み屋みたいなところに見に行った。もちろん二人同時ではない。別の日に別の場所だ。どうやら彼のテクニックは、飲んでミック・ジャガーの真似なんかをして笑わせて、相手が油断したところで丸め込むらしい。確かにミックとは顔の系統は似ているものの、Kは完璧なニホンザル顔。飲まなかったら逃げられること必至だ。クルマは飲んだ翌日に取りに行っていた。飲み屋までは運転していっても置いて行かざるを得ないからだ。それでも当時の駐車料金はたいしたことなかったのだと思う。結局この二人の中の一人と結婚をし、まんまと尻に敷かれた。そのせいか、お酒を飲む量はどんどん増え、僕が会うときはたいていが二日酔いだった。酔うと吐くくせがあり、タクシーの中でも、バスの中でも、もちろん道ばたでも吐いていたらしい。最悪だったのは、ロサンゼルスでアメリカ人のエンジニアが奥さんにプレゼントしたばかりの新車の中で吐いたことで、現場にいた僕は平謝りに謝った。いったい僕はこいつの何なんだ、と思った。

まあ、そんな不摂生も祟《たた》ったのだろう。40代前半に食道がんにかかり帰らぬ人になった。あれは30年近く前、秋の終わりだったろうか。

この間、偶然初代アコードを見た。Kのと同じ色だった。ずいぶん小さかったんだなあ、と思ったと同時に、僕は彼の運転で、ちゃんと乗せてもらったことがなかったことに今さら気付いた。もちろん乗ろうとしなかったのは僕だ。もし乗っていたら､彼はどんな運転をしたのだろう。今なら、そこから彼の性格をもっと知ることができるかもしれない、と思う。

# 第三章

# 結婚生活あれこれ

# 中央フリーウェイ、本当の話

　結婚前の話をしよう。いや、彼女と付き合う前の話か。40年以上前の話だから記憶が正確か、と言われれば自信がない。1972年、由実さんの最初のアルバムである「ひこうき雲」のレコーディングはなんだか毎日のように続いていた。そしてどういうわけだか僕は当然のようにそこにいた。そこでいったい自分は何をしていたのか……よく覚えていないが、ダビングのときには楽器を弾き、歌入れのときにはアドバイザーみたいなことをやっていたのではないだろうか。誰に望まれてだったのだろう。由実さんか、ディレクターの有賀さんか、それとも僕のお節介ゆえか。記憶は今や闇の中だ。

　田町にあるそのスタジオには、うんこ色のマークⅡ、しかもおふくろが無理な右折をして事故ったときの大きな凹みのあるやつで通っていた。凹みをなかなか直さなかったのは、おふくろが渋った訳ではなく、スタジオ通いをクルマのせいで中断したくなかったからだ。そしていつからか、スタジオが終わると由実さんを八王子まで送るようになっていた。ルートははっきり覚えてないが、甲州街道を暫《しばら》く走り、調布の入口から中央高速（現・中央自動車道）に乗った。ははん、歌の話だな、と思った人、残念でした。詞を書くためのロケーションハンティングにはなっていたかもしれないけれど、僕は片手運転なんかしない。ましてや肩を抱いて、なんてあり得ない。つまり、あれは彼女の空想でなければ僕ではない誰か、ということになる。今となってはそんなことはどうでもいい。とにかくクルマの中では8割以上が音楽の話だった。いや、本当だ。あれを知っているか？あれを観たことがあるか？　そんな話ばかり。でもある日、食べ物の話になった。テーマは納豆スパゲティ。当時、納豆スパゲティに僕はおおいに興味を持っていた。まだパスタなどという洒落た呼び名を知らない時代。そしてスパゲティはミートソースとナポリタンしかないような時代。渋谷の壁の穴というスパゲティ屋がどうやら考案したらしいアバンギャルドなスパゲティの数々は、外食がまったくダメな僕にとって一生縁のないもの、と決め込んでいたのだ。

「じゃあいつも送ってくれるお礼に作ってきてあげる」と彼女が言った。ドキッとした。結婚を決めたのはひょっとしたらこの瞬間だったかもしれない……というのは当然冗談だ。

あれは冬の日だった。やっぱりレコーディングの帰りだったのだろうか。作ってきたからどこで食べようか、という話になった。冬だ。外は凍えるように寒い。公園で……なんてちょっと無理。うちで？　という選択もあったかもしれないが、なぜか僕たちはクルマを走らせ続け、結局八王子まで来てしまった。国道16号はトラックがわんさか走っているし、どこかの駐車場に停めても人がいぶかしそうに見る。ぐるぐる走り回っているうちに、とある造成地に入り込んだ。おお、ここは眺めもいいし人もいない。ここにしよう、ということでさっそくお弁当を広げる。といったって造成地だから街灯もない。だいぶ真っ暗だ。彼女は2つのタッパーに納豆とスパゲティをそれぞれ入れ、これを混ぜるだけだから、と言いながら納豆の入った方のタッパーを傾ける。運転席からそれぞれ

が車内に響いた。暗がりの中、納豆のねばねばでタッパーがを見ている僕。あっ……という短い声が車内に響いた。暗がりの中、納豆のねばねばでタッパーが滑り、手からぬるっと落ちたのだ。暗がりの中にボーッと逆さまになっているタッパーが見えた。なんてこと！……あのときのやるせない気持ちは拙い僕の文章力では表現不可能だ。なんだってこんなときに……とも、かわいそうに、ともつかない本当にやるせない気持ち。慰めた方がいいのか、慰められた方がいいのかさえわからない。また作ってくるから、と言ってくれたのがせめてもの救いだった。少しして、暗がりに目が慣れてくると、納豆はシフトゲートを直撃はせず、どうやらセンターコンソールとシートの間に一気に流れ込んだことがわかった。腕まくりをし、手をぬるぬるにしながら一生懸命掻《か》き出すも、取り出せた納豆は半分程度。つまり半分はシートの奥に流れ込んでしまったのだった。かわいそうな納豆。あのあと、僕たちはどんな話をしたのだろう。よく覚えていないが、寒いからエンジンをかけようという話になって、エンジンをかけた瞬間、世にも恐ろしい臭いがクルマの中に立ち込めた。センターコンソールとシートの間にはヒーターのダクトが来ていたのだ。「うっ……」。息ができなくなったと思う。うんこ色のマークⅡは中味までうんこ色になってしまった。寒空の中窓を全開にし、彼女を自宅に送り届けると、ヒーターを切って、窓全開のまま中央高速を走って帰ったのをよく覚えている。正直なことを言おう。彼女が、中央フリーウエイ……右に見える競馬場、左はビール工場……と歌うとき、僕にはあの悪臭がどうしても蘇ってきてしまうのである。

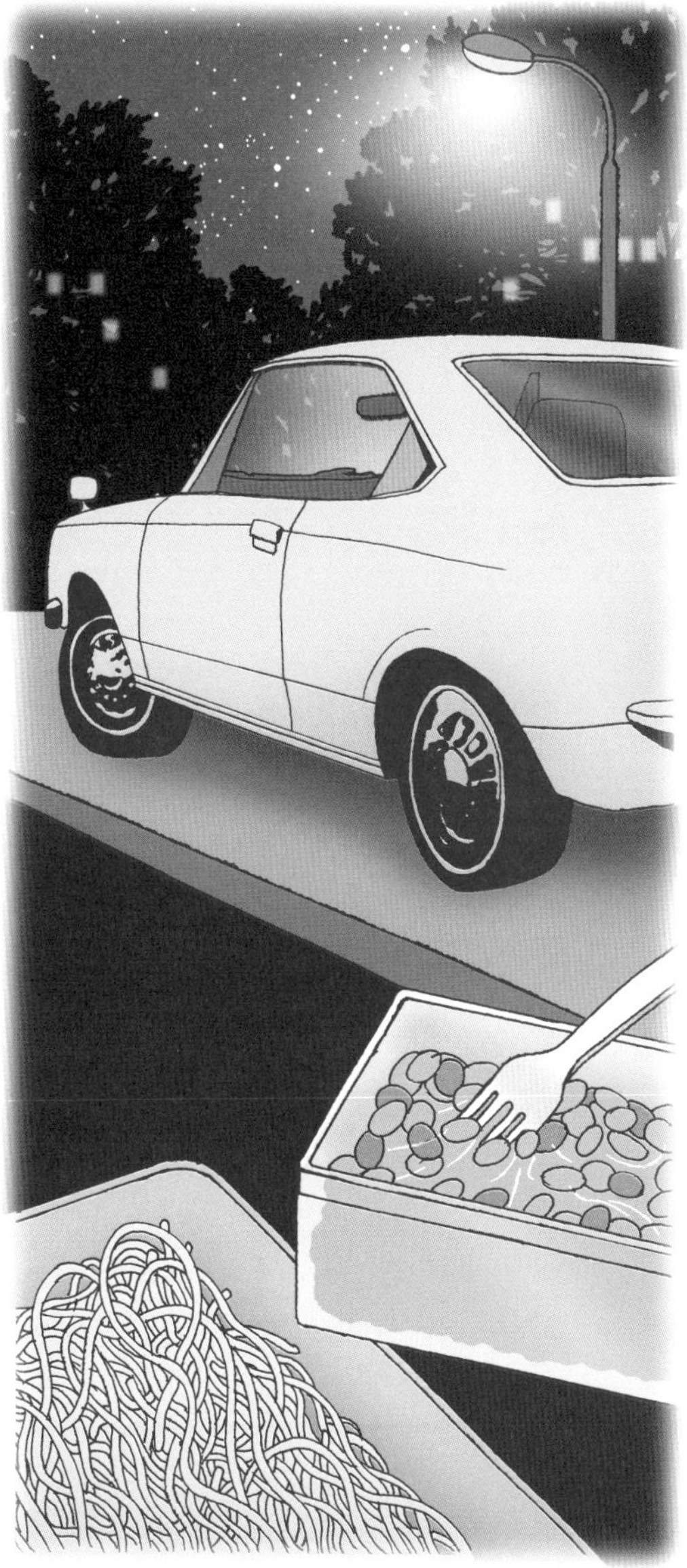

# 結婚式の日のこと

結婚式は横浜の教会でやった。これはかみさんのたっての希望だった。キリスト教系の女学校出身だったから教会でやりたい、と言う。まあ、僕はどこでも良かったたし、神前はなんだか自分的にピンとこなかったのでそれで良しとした。とはいえ、信者でも何でもない僕が教会で式を挙げるためには、授業が必要と言われた。確か3回ほどの授業だったと思うが、横浜のその教会に通った。かみさんとはどこかで待ち合わせて、一緒にクルマで行った記憶がある。そのクルマはどこかで書いたかもしれないが、かみさんに（まだ結婚前だったが）100万円借りて買ったターコイズブルーのアウディである。

今どき珍しいかもしれないが、僕もかみさんも同棲はおろか、一人暮らしさえしたことがなかったから、いつも自宅から通った。もちろん、授業が終わったら解散してそれぞれ自宅に戻った。授業はどうだったか、親に聞かれたと思うが、なんだかよくわからなかった、みたいなことを答えていた記憶がある。

結婚式本番の日も自宅からクルマで行った。かみさんも八王子の自宅から早起きして向かったようだ。長い間お世話になりました、みたいなことを親に言ったのかどうか……聞いたことはないが、割合コンサバなところがあるから言っていたに違いない……と思う。

僕はなんだかよく眠れずに気が重かった。眠い目を擦りながら、それでもひとりでクルマを運転し教会に到着した。教会にはそれぞれのマネージャーとか、レコード会社の仲のいいディレクターとか、いわゆる仲間内が待っていてくれて、それでは準備に入りましょう、みたいなことを言われたんだと思う。僕はどこかでメイクの人にファウンデーションを塗られた。ワイドショー的なテレビが入るからちゃんとしろ、というわけである。塗ったことがほとんどなかったから、なんだか変な気分だった。女子は毎日こんなものを塗るのか、と思うと、なんというか、女子として生きるのも大変なんだな、とつくづく思った。

教会に入り、神父様が現れ、式が始まった。授業通りに進むのでほぼ問題はなかったのだが、どうも変なところから汗が出る。普段なら普通に出る汗が、ファウンデーションのおかげで出るところから出られずに、髪の毛の生え際からいっせいに吹き出すのだ。神妙に神父様の言葉を聞きながら、でもこの変な汗が気が気ではなく、そのせいで汗は滝のように溢れ出し、なんだかよく訳がわからなくなった。神父様はそっと自分のハンカチを取りだして僕に渡し、僕はそれで一生懸命顔を拭いた。かみさんは跪《ひざまず》きながら隣で僕が泣いているものだと思い、自分も泣こうと一生懸命悲しいことを思い出そうとしていたそうだ。

無事に式も終わり、クルマで移動しようとしたら、マネージャーに「クルマは移動してあげるからこっちのワゴンに二人で乗ってくれ」と言われた。どうやら方向音痴の僕が披露宴会場であるホテルに辿り着けるか心配らしい。人に運転させるのは気が重かったが、そうも言っていられない。

仕方なしにワゴンに乗り込み、教会から10分程度のホテルに到着した。

なぜか披露宴は2部に分かれていて、1部はほぼ親族のみ、2部は業界関係者ということになっていた。はて、そんなこと誰が決めたのだろう。残念ながら昔のこと過ぎて覚えていない。1部はごく普通のどこにでもある披露宴だ。そして2部のスタートは6時くらいからだったのではないか。インターバルには部屋で休んでいたはずだが、それでも睡眠不足と疲れで2部に出席するのは本当に億劫だった。ひとりで行ってくれよ、とかみさんに言いたかったが、さすがにそれはできなかった。2部はちょっと広いホールのようなところで立食形式。箱バンドとしてダウン・タウン・ブギウギ・バンドが入り、ゲストは今思うとそうとう豪華だった。僕は疲れで、主賓挨拶のときに倒れそうになった。あと挨拶が2分長かったら、失礼、とか言いながら退席していたと思う。

全部終わったのが9時過ぎだったろうか。控え室でもある部屋に戻り、それぞれのマネージャーも疲れ果てた顔をしながらやってきた。何だか変な気分だね、なんてみんなで言い合いながら、ルームサービスでアイスクリームをとって食べた。疲れた体にひどく滲《し》みた。

ホテルに一泊した翌日は、その足で箱根方面に新婚旅行に向かうことになっており、その頃横浜に勤務していた父は、僕たちをホテルまで見送りに来てくれた。僕とかみさん、そして僕の父親。今日は何時に帰るよ、と言わなくていい最初の日。帰る場所はもうなくなったんだな、と思うと言いしれぬ寂しさに襲われた。元気でやれよ、と父親が言い、まあな、みたいな返事をした。でも実を言えばそのまま実家に戻りたい衝動に駆られていた。何を子供みたいなことを言って、と思われるだろう。けれど、これで親子関係はある意味終了なのだ。僕はアウディのバックミラーに、小さい父親がさらに豆粒みたいになっていくのをずっと見続けていた。

写真＝野上眞宏

70年頃。ウェスタンシャツは原宿のハラダで買った1,800円のもの。この頃はこればかり着ていました。クルマは相変わらず、うんこ色のマークIIの時代です。

76年11月。いつ見ても照れますね。そしてよく見ると結婚指輪をしている。僕が結婚指輪をしたのはこの日だけです。だってハンドルが回しにくいんだもん、なんてウソです。

# 犬に振り回される

結婚して割合すぐに犬を飼った。どうしてだろう……。実家時代には両方の家に犬がいたせいなのか、それとも、結婚生活が想像していたよりすうすうしていたせいなのか。飼う前にやたら厚い犬の図鑑を買ってきて、その中からこれが良さそうだというのを選んだ。ウエストハイランドホワイトテリア。飼い主に忠実で賢い、という解説に惹かれたのだと思うが、考えてみれば、どの犬種だってちゃんと飼えば忠実で賢い。ただ、偶然犬の写真と文字のバランスが良かっただけなのだと思う。有名ペットショップに電話をして、そして犬が見つかると取りに行った。

うちに来てみると、かわいいもののやたらおしっこはするわ、うんちはするわ、いなくなるわで大騒ぎ。こんなに大変なものを実家では飼っていたのか、と少しばかり後悔した。

もう一匹飼おうよ、と言いだしたのはかみさんの方だ。犬同士で遊ばせればこっちは少し楽になる、と言うのだ。それに、スコッチテリアにすればブラック&ホワイトだよ、とも。僕は同意した。同意しながら、いやいや大変さも倍になるはずだ、と思ったのになぜか口にしなかった。二匹はさぞかしかわいいだろう、という思いの方が強かったからだ。

当時有名だった別のペットショップに電話した。前のペットショップの対応が悪かったというわけではなかったけれど、なんだか別の店にも興味があったのだ。真っ黒なスコッチテリアがやって来た。小さくて黒い豚みたいだった。白い方は子犬のくせに、いっちょ前にやきもちをやいた。黒い方をかわいがろうとすると邪魔をしてまとわりつくのだ。そのせいか黒い方はやたらおっとりして見えた。こっちの方がかわいいなあ……と飼い主にあるまじき、えこひいきの気持ちが沸き上がった。

しかし、黒い方はうちに来てちょうど1週間目の朝、植木鉢の上で冷たくなっていた。起きて呼んでも来ないので探し回ったら植木鉢の上にいたのだ。原因はわからなかった。数日前に虫下しを飲ませたせいで、白い虫だらけの便をしたのだが、それ以外何も考えつかなかった。

とりあえず、二人で泣いた。あまりの不条理さに、かわいそうでならなかった。動物を死なせるとどうしてあんなに悲しいのだろう。何もしてやれなかったという後悔からなのか。ひとしきり泣くと、やり場のない気持ちをペットショップにぶつけた。新しい犬が来ても代わりになどならないのはわかっている。それでも1週間は短すぎるだろう、との思いでとりあえず電話をかけたのだ。対応は想像よりずっと冷たかった。ああ、そうですか、と言う程度で代わりの「か」の字もなかった。電話を切ってやりきれない気持ちになったものの、ペットロスは収まらず、もう一度電話をして同じ犬種で探してもらえないか聞いた。しばらくして、やたら明るい声で電話がかかってきた。「生まれて2か月の犬が見つかりました。いい血統の犬なんで25万円です」。急に光が差してきたような気持ちになって、たぶん、それでお願いすることになるとは思うけれど……みたいな答え方をしたのだと思う。決定はしなかった。ぼんやりと厚い図鑑をもう一度見返していたら、終わりの方にそれぞれの犬種の協会のようなものが載っており、ふとスコッチテリア協会なるものが目にとまったので思わず電話をした。穏やかな口調の女の人だった。生まれて2か月の犬がいますが、たぶんショードッグにすることが条件だと思います、と言う。値段は5万円くらいらしい。同じ月齢で20万円の差は何なんだろう。ショードッグにするということはひょっとするとおそろしく大変なことなのかもしれない。電話を切って少しひるんでいたら、すぐに例のペットショップがおそろしい剣幕で電話をしてきた。「個人的に電話するのはルール違反なんだから、やめてもらえませんか！」

そう、同じ犬だったのである。

もちろんこのペットショップとは即座に縁を切り、二人で週一のブリーダー通いを始めた。大泉学園に住む一人暮らしのお婆さんだった。世話の仕方、ショーの出し方、いろいろ教わった。とにかくチャンピオンになれる犬だから、チャンピオンにしてやってくれ、と言う。もちろん、わかりました、と答え、それから2か月ほどして犬がやって来た。白い方は前にも増してやきもちをやいたが、新しい黒は負けなかった。

犬を連れてあちこちのデパートの屋上に行き、ドッグショーに出した。最後のポイントを獲得したのは京都のデパートでだった。これで普通に暮らせるね、なんてかみさんと話しながら犬を後席に乗せ、帰途についた。黒い犬はそのうち後席背もたれの後ろへ。東名高速を走りながらバックミラーを見ていたら、夕日の中にシルエットになった新チャンピオンは、むっくり起き上がり背中を丸めた。「やめろ！」と叫んだが、もちろんやめてはくれなかった。

# 自動車電話の時代

日本の自動車電話の普及、で検索をかけてみると、それはおおよそ1980年頭から始まっているように見える。新しもの好きな僕は、普及のニュースをものすごくわくわくしながら見ていた記憶がある。なにしろクルマから電話ができる。これはどういうことかと言えば、遅刻しがちな僕は、いちいちクルマを路肩に停めて公衆電話から「すみません、遅れます」などと言わなくて済む、ということだ。遅刻しなければ済む話じゃないか、と言われそうだが、当時はものすごく忙しく、明け方の4時5時まで譜面を書いて、昼にはそれを持ってスタジオに行かねばならない。バブルが近づいていたせいか、クルマの数が増え、渋滞もひどくなっており、少しでも長く寝ていたいのに到着時刻の予想がつかないわけだから、そんなことも頻繁に起こった。

初めて自動車電話を取り付けたのは81年か82年か……。自分としてはかなり早かったような気がする。浜松町にある指定工場に持ち込み、作業は半日だったか1日だったたか。誇らしげにアンテナをリアに立てた愛車を見たときの不思議な気分はいまだに忘れられない。こんなものでクルマから電話がかけられるのか？　電話線もないのに？……今なら石器時代の人間かと疑われるような考えを当時は持ったものだ。本体は取り外し可能な、いわゆるショルダーホンの原型みたいなもので、バッテリーから引いてきたホルダーがトランク内に取り付けられ、そこに装着した。子機はもちろん車内で、たいていはセンターアームレストに取り付けられることが多かったように思う。僕の場合は、なにやら血圧を測るバンドに似た形のゴムでアームレストに取り付けられていた。当時の電話番号は090で始まるものではなかったような記憶がある。いや、始まったとしても桁数は間違いなく今よりも少なかった。初めての電話はどこにしたのだろう。たぶん、自宅とか会社とか、怖いからなるべく安全なところにかけた。「今どこからかけていると思う?」「えっ? どこ?」「クルマからなんだよ」なんて会話が楽しくて、それからはいたずらに色々なところにかけまくったものだ。自動車電話を持っていて良かった、と痛切に思えたのは高速道路上での渋滞のときで、情報は高速の乗り口で見るしか手段はなく、それもあまり正確でも迅速でもなかった当時、電話がなかったらどうしたんだろう、という場面にしょっちゅう出くわしたものだ。もう一点、方向音痴の僕を、初めてのスタジオとか、初めての場所に誘導してもらうのにこれほど便利なツールはなかった。というよりも電話がなかったら僕はどこにも行けなかったかもしれない。

当時はクルマの一大ブームと言ってもよく、どこに行ってもクルマの話ばかり。誰もが新しいクルマ、いいクルマが欲しかった時代。都内の大きな通りには並行輸入屋が立ち並び、輸入高級車がこれでもかとばかりに飾られていた。クルマが欲しい、と毎日思った。しかし今乗っているクルマにも愛着がある。なら複数台所有したい。1台は今乗っている大きめのセダン。もう1台はスポーツカー。3台目は当時まだ呼び名がなかったけれど、今流行のSUVである。鉄壁な3台だろう。実はまだ誰にも言っていないのだが、毎日僕は神様にお祈りをしたのである。「クルマが3台持てるなら、僕はかみさんの奴隷になってもいいです。ですから……」これ、本当の話である。もちろん本気だった。笑われるかもしれないけれど、こんなふうに思ったのはたぶん僕だけじゃないと思う。そんな時代だったのだ。

神様はたぶん、それを聞き入れてくださったのだと思う。ほどなくして僕は小さなスポーツカーを手に入れた。僕はもう有頂天である。毎日そのクルマでスタジオに通う。しかし、すぐにあることに気付いた。電話が欲しい……。そして予約を取って浜松町に持ち込む。こんなクルマに電話ですか？　と半ば呆れた顔をされたけれど、背に腹は替えられない。変てこな位置にアンテナを付けられたスポーツカーが戻ってきた。小さなクルマでアームレストなんてないから電話機は助手席に転がりっぱなし。何だか変だなあ、とも思ったが、箱根に走りに行ってブレーキがベーパーロックし怖い思いをしたとき、これがなかったら一晩中寒いクルマの中で過ごすことになっただろう。ひょっとしたら凍死していたかもしれない。

ほどなく、当時は本当に珍しかったイギリス製SUVの中古を手に入れ、念願叶って3台体制となる。もちろん、これにも自動車電話が設置できるようにした。今日はこれ、と決めるとトランクからおもむろに本体を取りだし、そのクルマに装着する。その瞬間、贅沢な気分はマックスに達した。今思うと懐かしい時代だ。携帯が広まる数年前ということか。

でも、もし次に神様にお祈りするようなことがあったら僕はこう言うだろう。

「クルマはもう十分なので奴隷から解放してください」

# 地方ナンバー

連休中の東京はとにかく地方ナンバーのクルマが多かった。それも、普段はあまり見かけないような地方のナンバーが目立ったように思う。「危ないから地方ナンバーのクルマには近寄らないように」などと昔はよく言われたものだ。そうなのか？　危ないクルマは東京のナンバーにだってたくさんいるじゃないか。ナンバーで差別するような上から目線はどうかしてる。ナンバーの漢字の部分は、だから僕にはどうでも良かったのだ。あのときまでは……。

40年ちょっと前の話だ。あの日、我が家に初めて女優という職業の女子が遊びに来ることになっていた。彼女は確か千葉の方のいい大学を出ていて、お嬢様女優で売っていた。僕もドラマで見ていて、けっこう好感を持っていた。いったいどんな性格なんだろう……。かみさんのファンでもあるという彼女をちょっとドキドキしながら待った。ピンポン、とマンションのチャイムが鳴り、かみさんが出ると、どうやらボーイフレンドとおぼしき若い男子が一緒にいる。ちょっとがっかりした。何をがっかりしているんだろう、と自分に言い聞かせながら一生懸命の笑顔で迎え入れた。テレビで見るよりはずいぶんチャキチャキしているな、というのが僕の第一印象。さっそくリビングでお茶を飲みながら4人で話を始める。しゃべり方も内容も、やたらずけずけと突っ込んでくる感じに少々押され気味になった。彼はと言えば、にこにこと微笑んでいるだけでずいぶんと人が良さそうだ。僕はむしろ彼の方に好感を持った。

彼女はたいへんなドライブ好きで、どんなところにもばんばん運転して出かけると言う。得意げにまくし立てる彼女を見ていたら、なぜだか馬が頭に浮かんだ。興奮している馬だ、と思ったのだ。そのうちクルマからナンバーの話になった。結婚してから1年半、僕は練馬のマンションに住んでおり、住民票も全部練馬だった。もっとも結婚前までも杉並の住人だったからクルマは練馬ナンバーだ。

「ダッサ〜！」とひときわ大きな声で、しかも恐ろしくバカにしたような顔で彼女は言った。馬が僕の頭の上で思い切りいなないたように見えた。一瞬、僕は何が起こったのかわからなかった。

えっ？　練馬ナンバーはダサいのか？　なぜ？　なぜ？

そのあとの会話はよく覚えていないのだが、どうやら品川ナンバーこそが東京のナンバーだと言いたいらしい。西の方で生まれ、現在千葉在住の彼女も、人に手伝ってもらってようやく品川ナンバーを取得したと言う。それがわかると僕は、この女優に対して勝手に思い描いていたイメージがガラガラと崩れ去り、一緒に話をすることさえバカらしく思えてきた。なぜこの男は態度が急変したのだろう、と思われたかもしれない。いや、そんなこと気にもしなかったに違いない。初対面の相手にあんな無神経なことを言う女だ。いきなり無口になった僕のことなど気に留めるわけもない。

僕はしばらく作り笑いを浮かべてはいたものの、席を立つと違う部屋に行きドアをぴしゃりと閉めた。頭の中で地方ナンバーのことを初めて意識した瞬間だった。かっこいいナンバー、ダサいナンバー……。あまり戻ってこないので心配したかみさんがやってきて「どうしたの？」と言った。僕はなぜあんなことを言われなければならないんだ、というようなことを言い、あっちこそ千葉のくせに、などと言った。明らかに差別発言だった。千葉と練馬のどちらが偉い？　……バカバカしいにも程がある。しかし、僕はこのあまりに馬鹿げた考え方が頭の中を占拠してくるのを感じて、まずい、と思った。いや、もう遅い。そういう考えの人間がこの世の中にいるのを見てしまったではないか。結局その後、彼女たちの前に僕が姿を現すこともなく、彼女たちは帰って行った。彼には悪いことをしたな、とも思ったが全部彼女のせいだ。仕方あるまい。出て行って暫《しばら》くはドアの前にいたのを小さなのぞき穴からこっそりと見た。何をやっているのだろう。彼が彼女に説教をしてくれているのならいいのだけれど、と思った。このとき以来、僕は彼女たちとは会っていない。

地方ナンバーを見ると、ついあのときのあの場面が頭に浮かんでくる。そして地方ナンバーというだけで偏見を持つあの考え方を頭の中から追いやりたい、と思う。今一番危険なのは、ナンバーの問題ではなく、カーナビだけを頼りに目的地をろくに調べようともせずに出かけてしまうドライバーたちの方だ。これは全国共通の傾向であり、タクシードライバーでさえ道を知らずにキャリアをスタートさせる人もいるらしい。そしてついでに言っておく。僕たちがドライビングテストをする広報車両には地方ナンバーが多いのだ。ベンツは水戸だったりワーゲンやプジョーが豊橋だったり。路上であからさまに地方ナンバーを差別する人間には特によく覚えておいてもらいたい。

練馬30
ま10-

# 過信

30歳を過ぎた頃から年に数度、録音でアメリカに行くようになった。いいミュージシャン、いいエンジニア、さらに言えばいいスタジオがあるからだ。初めて降り立ったＬＡの空港の、なんだか日本とは違った強い排ガスの臭いは今でも覚えている。道路には信じられないようなポンコツ車だらけで、こりゃあ臭いわけだと思った。右側通行に戸惑いながら、そして初めてのアメリカにわくわくしながら、コーディネーターの運転するクルマに乗ってホテルへと向かった。

最初の年は怖くて運転はしなかったように思う。ほぼコーディネーターのバン。そのうち道を、そして独自のルールやマナーのようなものを覚えてくると、俄然運転がしたくなった。乗り始めたのは翌年からだったろうか。10年も通っているとほぼ道も覚え、フリーウェイを乗り継ぎながらラスベガス……までは行かないけれどその途中くらいまでは行けるようになった。さあ、ここからが今回の本題である。慣れというものは恐ろしい。ＬＡは自分の庭、みたいに勘違いしている自分に、このときは気付いていなかった。

その日、ＶＲ、つまりバーチャルリアリティの研究現場を見せてくれるというので、アメリカ人エンジニアの先導で、僕とかみさんはボルボのレンタカーに乗って出かけた。フリーウェイをいくつか乗り継いで1時間くらい走っただろうか。目的地付近に来たとき、ローレルキャニオンＢｌｖｄ《ブールバード》

という道を越えた。なんだ、ローレルキャニオンか、それならもう先導車なしでも帰れるな、と思ったのが大失敗だった。しばらく研究所を見学したあと、再び先導してくれるというアメリカ人の申し出を断り、まるで昔からここに住んでいるかのような態度でクルマに乗り込み、そしてローレルキャニオンBlvdのところまで来て、はたと思った。いかん、僕の知っているのはローレルキャニオンBlvdではなく、ローレルキャニオンの近くを通るクレセントハイツBlvdという通りだった……。

「どうするの?」とかみさん。携帯は当時まだない。あろうことか地図も積んでない。もちろんナビなんてない時代。どうするもこうするもない。こんな知らない道を通るなら元来た道を戻ろう、とフリーウェイの乗り口まで戻り、来たときとは逆方向へ乗ることに成功。しかし、ホッとしたのもつかの間、漠然と先導車に付いてきてしまった僕は何号線をどう乗り継いできたかなんてちっとも覚えていない。いくつか乗り継いで来ているから、いくつか乗り継いで帰らねばならない。ああ、どうするんだ、どこを目指して帰ればいいんだ。そうこうしているうちに最初のジャンクションが迫る。

「どっちだと思う?」「知らないわよ」。だんだんクルマの中の空気が怪しくなってくる。

「ええい、こっちだ!」。ふと見るとかみさんは外を見ている。いや、見ているんじゃなくてこっちを見たくないのだ。ひとつくらい知った地名が出てきてもおかしくないはずなのに、出てくる地名は知らないものばかり。だんだん前のめりになってハンドルを抱え込むように運転をしている僕。

そして再びジャンクション。

「どっちなんだよ!」「知るわけないでしょ!」「助手席に座るんだったら少しは運転に協力しろよ!」……帰ったら離婚だな。こんな空気で一緒になんか暮らせるものか。声に出さずに呟く。それにしてもどんどん訳のわからない方向に行っている。地名はもはや全部メキシコに見える。まさか、メキシコの国境まで来てしまったのか……? 仕方がない、フリーウェイを降りよう。そして僕たちは、いや、僕はハンドルを切って辺鄙《へんぴ》な森の中に降り、そしてそのあたりにはそこしかなさそうなドラッグストアに入ってクルマを停め、店に入ると英語も怪しげな店員に道を聞く。ふと見るとかみさんは違う店員に道を聞いている。こっちのことを信用していないんだな、と思うとよけいに腹が立つ。ふん、死んでも許すものか……。いやいや、それよりここはどこなんだ。一生帰れないかもしれないじゃないか。

結論から言えば、降りたところはホテルから15分ほどのところだった。それがわかったとき、膝がガクッとするくらい力が抜けた。とりあえず助かった……。いろいろな感情が一気に押し寄せてきて訳がわからなくなった。特にかみさんに対してどういう態度を取ったらいいのか、それが一番の問題だった。その先のことは覚えていない。本当に15分くらいでホテルには着いたのだろう。そしてそれから2日間、彼女とは口を利かなかったと思う。どうやって口を利くようになったのか……それも覚えてはいないが、たぶん口を利かないでいる方が面倒になったからだろう。教訓としては、知ったつもりになっていても世の中知らないことばかり、ということ。それと、助手席に乗ったらドライバーには協力するように、とこっそり皆さんにはお願いしたい。

VOLVO
240 GL

01年。撮影でLAのA&Mスタジオにて。『14番目の月』というアルバムで全曲ドラムを叩いてくれたマイクと。30年以上通ったLAでは観光なんて一度もしたことがありませんでした。

# 悪夢

乗用車がコンピュータ化され、それが一般的に普及しはじめたのは、80年代後半になってからだと思う。当時はそのコンピュータがよく壊れてひどい目に遭ったものだ。コンピュータ化前は、修理工場に持って行けば原因が何なのか突き止められたものだが、それがまったくできなくなった。ECUごと交換です、なんて言われて訳がわからぬまま従っていた。コンピュータという言葉から、こいつがクルマのへそになりつつあることは感じていたと思う。もちろん今やコンピュータはもっと全域にわたってクルマを制御する大事な頭脳であり、それが飛躍的に発達したからこそ、衝突被害軽減ブレーキだのなんだのと、クルマが勝手に自分で判断して行動できるようになったのである。

とまあ、そんな小難しい話は置いておいて、コンピュータトラブルが厄介なのは、それが突然やってくるからである。あれはかみさんの逗子《ずし》のコンサートをやっていた頃で、90年前後だったのではないか。逗子のコンサートとは逗子マリーナのプールサイドで毎夏行われていたイベントで、演出の僕は結構危険なことをみんなに強要し、そのため寒川神社にお祓いをしてもらいに東名高速を走っていたときの話だ。土曜日で道は結構な渋滞。車内のムードも決して良くなかった記憶がある。なんで私がコンサートでそんなことをさせなければならないのよ、みたいな話だったんじゃないか。僕は僕でその前の年、かなづちで顔さえ水につけられないようなギタリストを、演奏の途中でプールに沈める演出を思いつき、強引に泳ぎを特訓させ、それがまんまとうまくいったものだから強気ではあったはずだ。そっちがくだらない文句を言うなら俺は演出を降りるぜ、ってなもんである。クルマが厚木インターにさしかかろうというとき、それは起こった。あら……。機嫌を損ねているはずのかみさんも、一瞬の僕の動揺を察する。クルマはみるみるスローダウンし、一気に車内は休戦状態になった。幸いだったのは料金所まであと100メートル程度のところで息絶えたことだろうか。左側に寄せてクルマを停車させ、降りてあそこまで押すぞ、と僕。じゃあ、俺は運転席でハンドルを切らなければならないからおまえが押せ。OK、ということで真っ赤な顔でクルマを押すかみさん。ひどいねえ。今ならそう思えるけれど、突然クルマが止まるということは、何の判断もできずに素に戻る、ということなのである。これが我々の素なのか……。

ともかく、努力実って10センチほど動いたところで急にまたクルマが止まった。どうしたんだよ！　いやいや、彼女の履いていた靴のヒールが折れたのである。へたへたと座り込む彼女。一般車両はこういうとき実に冷たい。よけて通れるスペースはちゃんと空けてあるにもかかわらず、みんな凄い顔でこちらに視線を送る。けたたましくクラクションを鳴らし続けるおばさんもいた。いつもなら、このクソ○○○許さん！　となるのだろうが、余裕がないときは怒ることすらできないのが面白い。結局、僕も降りて額でクルマのAピラー（説明が面倒なので調べてください）を押しながら片手でハンドルを握り、もう一方の手で後ろのクルマに合図を送りながら押した。額にはくっきりと縦に痕がついた。どうやって料金所を出たのか記憶にないが、とにかく出たところの緊急車両が待機するような場所に停めさせてもらい、呆然と地べたに座り込んでいた。自動車電話から会社とJAFにSOSを出すものの、こういうときの待ち時間は長く感じるもの。記憶の中では半日くらい待っていた感じだが、そんなことあるはずもない。ジージーとセミの声がやたらうるさかった。

修理は終わりましたよ。ECUが壊れたんですね。でもなぜ壊れたのか原因は不明、と言われてそのクルマを受け取ったのがそれから数日後だったか。不明、という言葉に若干の不安を覚えつつ、サービス工場を出て首都高速へ。ランプを駆け上がって100メートルも行かないうちに恐怖の瞬間が再び襲ってきた。しかも今度は一人。しかも首都高速の本線である。

どうやっても今度ばかりは大迷惑をかける。故障車のため渋滞の列が……なんて文字が頭をかすめる。でも仕方ない。非常駐車帯のあるところまでは押すしかない。というわけで再びAピラーに頭を押しつけて必死に押す僕。Tシャツは乳首がくっきりと見えるくらい汗だく。惨めなことこの上ない。何が悲しくてこんなことやってるんだろう、と我ながら情けなくなる。この前以上に冷たい視線が送られてくるのは当然として、ひとつだけ救われたことがあった。それは、どう見ても任《にん》俠《きょう》系の人が、黒いベンツから、兄ちゃん大変だろうけどがんばりな、と優しく声をかけてくれたことだ。世の中、捨てたもんじゃない……とそのときは思ったものだ。

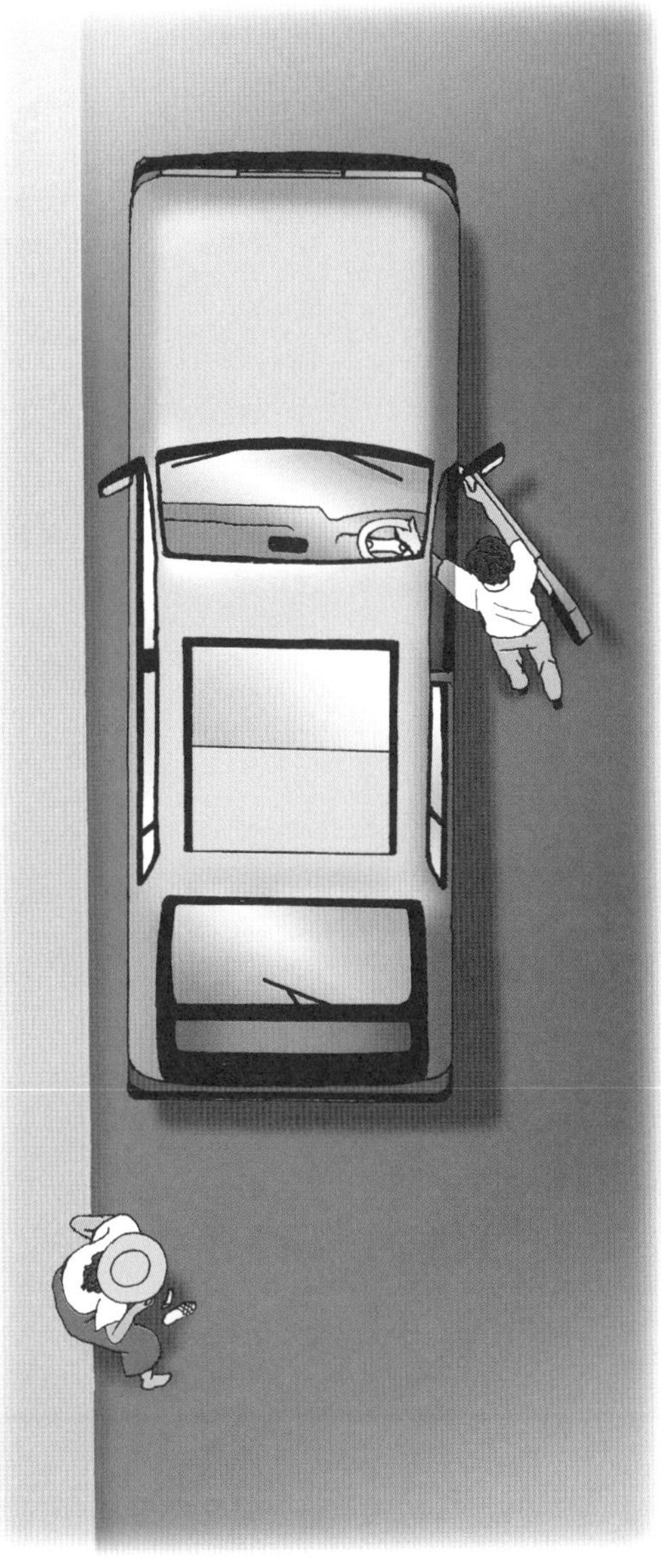

# よい助手席の住人とは

　ドライバー諸君。あなたたちは助手席の人間にどうあってほしいか……。これ、本当はアンケートをとってみたいくらい僕にとって興味深いテーマである。きっといろいろな答えがあるのだろうと思う。運転にあまり興味のない人は、そんなことどうでもいい、と答えるだろうし、クルマ好きの人は割合要求が高いような気がする。あ、でも運転に興味がなくても、隣でああだこうだ、とガミガミ言われるのはお断り、なはずだ。そして運転好きなやつほど隣でガミガミと言う。僕ですか？その話はあとで……。

　うちのかみさんは運転とはどういうものであるか、たぶん知らない。足と手を使う、ということ以外は。僕がどんな運転をしようと、怖い、とも言わないし、やめてよ、なんて言われたことがない。たぶんそのリアクションの薄さは、僕に対してだけでなく、誰に対してもそうなのだと思う。まあドライバーとしては楽、とも言えるし、気が利かなすぎる、とも言える。たいていは、勝手に自分のイヤフォンで音楽を聴いていたかと思ったら、ほぼ10分後にはお休みになっている。今はＥＴＣがあるからいいが、昔はこれが原因で大げんかだ。口には出さないが、料金所のお金なんてドライバーが用意するものだ、くらいに思っていたのではなかろうか。もっともかみさん以外の女性を乗せていたとしたら、料金所のお金は僕が用意するだろうから、彼女の考えはそれなりに正しいとも言える。

かみさん以外の女性、で思い出したけれど、昔こんなことがあった。あれは確か小田原厚木道路でのこと。僕とその女性（もちろんただの友達である）は箱根を目指して走っていた。何かの食事会だったと思う。僕は斜め左にシルバーのクラウンを発見。そしてこう言った。「ここらへんはこういう覆面パトカーが多いんだよ」。彼女は並走するそのクルマの方を暫《しばら》く眺めていた。そして「ふうん」と言ったように記憶しているのだが、僕は少し急いでいたのでそのまま加速。そしてこう付け加える。「覆面じゃなかったんだよね？」。少し間を置いてから彼女はこう言った。「警備会社みたいな人たちだったけどね……」。えっ‼　バックミラーを見ると、その警備会社が赤色灯を点けて……。

あとで聞いたところによると、覆面が多い、と僕が言ったことで、覆面ではない、と解釈してしまったらしい。あ〜あ、助手席の人、ちょっとなんとかしてくださいよ。

もっともこのくらい鈍感な方が僕は好きだ。隣で「怖い、怖い」なんて言われるよりは１００倍マシである。人の運転が怖いのだったら自分で運転おやりなさい、と言いたい。そうでなかったら公共交通機関をどうぞ、である。ただね、実を言えば「怖い」と言いたい人の気持ちもわかるのだ。それは人間の生理から来ている。うちのかみさんは例外として、たいていの助手席の人は無意識に自分で運転している気になっているものだ。自分ならここでブレーキ、というところでまだ踏まない、とか、ここで加速、というときにまだのろのろしていたりするから「怖い」のである。

人の運転ってなぜこんなに怖いのだろう、と考えてきた。特にこの10年、タクシーを利用することが多くなってからそれを毎回考えた。タクシードライバーは過酷だ。人によっては長時間ずっと休みなし、なんてこともあるらしい。自分に置き換えるとそれはとんでもないことである。個人的には2時間が集中できる限界時間だから。逆に言えば、長い時間、事故もなく運転するためには捨てるものは捨て、最小限の集中で済ませているはず。学ぶべきものもあるんじゃないか、と思いながらタクシーに（この場合は助手席じゃないけれど）乗った。最初はドライバーをねぎらいながら乗っていた記憶がある。しかし、後続車のことも考えずに道のど真ん中に停車させたり、そんなことをされていくうちにどんどん悪い客になっていった。コロナのせいでタクシーに乗る機会がぐっと減り、最悪な客になる直前で今は止まっている。現在はタクシーの代わりに2代前の女性マネージャーが運転するワンボックス車の後席の住人だ。そういえば彼女が僕のマネージャー時代に、一番辛《つら》かった思い出は？　と聞いたら、僕を助手席に乗せて毎日通勤したときのこと、と言ったたっけ。ま、そりゃそうだったろうなあ、と我ながら思う。最悪な教習所の最悪な教官みたいだったもの。大声でギャアギャア言われたらそりゃあ嫌になるだろう。ただそのときのことを思い出してみると、彼女は流れに乗れないドライバーだった。しかもその先、その先をイメージしないからどうしたって無理なレーンチェンジの連続。そりゃあ危ないだろう。今ではすっかりスムーズなドライバー。ほらね、僕がガミガミ言って良かっただろ、と心の中で呟く僕。

ま、こんな人間が実は一番嫌われる、というお話である。

# 第四章 クルマ選びに思う

# 並行輸入の時代

　1980年代初め、時代は間違いなくバブル頂点に向かってまっしぐらに突き進んでいた。街には高級輸入車が溢れ、そして大きな幹線道路には今のコンビニのように並行輸入車の店が乱立した。自動車雑誌も増え、広告が入るせいかどんどん厚ぼったくなっていった。誰もがクルマに特別なものを求め、それに応えるかのように並行輸入業者は正規インポーターが扱えないような少数の特別なモデルを輸入した。

　ある日、かみさんの友人でもある女優のFがうちに遊びに来ると言う。いや、ちょっと寄るだけだから、家の中には入らないから……。理由はわかっていた。当時付き合っていた自慢の彼を我々に見せたかったのである。ほどなく彼の運転するクルマの助手席に得意げに乗った彼女が登場した。我々が出て行くと、クルマから降りた彼女は彼を紹介した。彼女と同業の彼はテレビで見るのと同じような、ちょっとすねたような照れた様子で僕らに挨拶をし、僕らも複雑な感じで挨拶をした。変な時間だった。ドラマのワンシーンを見ているようでもあり、何か見てはいけないものを見ているようでもあり、時間はものすごく長く感じられた。たぶん、ものの3、4分で彼らは去って行ったはずだ。時間が長く感じられたもうひとつの要因はクルマだった。彼が乗ってきたクルマは、日本では正規輸入されていない、セダンの形をしたモンスターと言われたメルセデスだったのだ。私生活まで想像を絶するような世界に生きているんだな、と思ったことを覚えている。バブルが加速していくなか、僕の頭の中からはどうしてもあのシーンがこびり付いて離れなくなっていた。そしてひょんなきっかけから、初めて並行輸入業者の門を叩くことになるのである。当時はまだ街中で見ることのほとんどない、モンスターの再来、なんて言われたクルマを見に……。

社長、と呼ばれていた小太りの男は、人のことを頭のてっぺんから足の先までじろっと睨《にら》むと、「それで何の用?」とぶっきらぼうに聞いた。一瞬むっとしたけれど、当時はまだ若かったのと、それよりもクルマ、だったから、お目当てのクルマを見たい旨を伝えると、「おっ、それならあっちにあるよ、ついて来な」と言う。とぼとぼとついて行くと、そこには2台、ダークグレーと紺のメルセデスが野ざらしで停まっていた。「空輸で取り寄せてんの」と言う。どうやら輸入するのにコストがかかってるんだぞ、と言いたいらしい。はあ、そうですか……。「勝手に見て」と言い残し、社長はどこかに消えた。ロックのかかっていないクルマのドアを開け、乗り込んでみると、それぞれ仕様が少しずつ違うのがわかる。グレーの方のリアシートはリクライニングするようだが、紺の方は固定だったり、グレーの方は助手席のシート調整がなぜか手動だったり……。ふと社長が現れ、「1000万円、びた一文まけない」と言う。1000万円。当時の僕にとってそれは今の1億、とは言わないまでも5000万円以上の感覚だった。悩んで悩んで、夜にはこっそりとその店の前まで、並んでいる2台を見に行った。こんなことをするくらいだから、社長が上、お客の僕が下、という妙な関係が出来上がっていった。売ってやる、と言う社長に対して、売っていただく、みたいな感じ。しかし、いろいろな記録を見ても、人の話を聞いても、当時はどこでもそんなふうだったようである。さんざん悩んだ結果、清水の舞台から飛び降りる決意をし、店に行ったのはそれから2か月後だったか3か月後だったか。ニコリともせず、ぶっきらぼうなまま書類を書き、そしてクルマを受け取った。

再びこの社長に会うのはそれから1年後だったか、2年後だったか。今度は向こうから電話があって、「中古のいいポルシェがあるんだ。見に来ないか?」と言う。最初の力関係はそう簡単に崩れるはずもなく、「はあ」なんて言いながら出かけて行った。「キー渡すから2週間でも乗ってな。気に入らなかったら返せばいいから」と、ぶっきらぼうな言い方にしてはやけに親切である。結局このポルシェを300万円弱で買うことになり、いよいよ僕はクルマ漬けになっていくのである。その後5年くらいはなんだかんだで付き合っただろうか。有鉛ガソリンが消滅する、というので対策を考えてもらったり、そんなこんなしているうちにバブルがはじけ、そうして気が付いたら彼らはいなくなっていた。

環八《かんぱち》を走るたびに「兵《つわもの》どもが夢の跡」という言葉を思い出す。乱立していたクルマ屋たちはすっかりなくなり、あるのはホワイトカラーの正規インポーターばかり。ところがこの前、我が家から歩いて程ないところに同じ名前の店がひっそりと看板を上げているのを見つけたのだ。あの小太りの社長はやっぱりいるのだろうか。だとしたら訪ねて行ってみようか、とも思う。開口一番、彼は何と言うのだろう。「おっ、おまえも偉くなったよな」くらい言われそうな気がする。

# パンツなクルマ

80年代初め、ものすごく背伸びして並行輸入業者から購入した大きなベンツで意気揚々とした毎日を送っていた。なぜ並行輸入業者だったかといえば、当時排気量の一番大きなモデルが正規輸入されていなかったからだ。僕はとにかく偉そうなクルマが好きで、大きくて安楽で、しかも速く、できれば誰も乗っていないようなクルマに乗っていたかったのだ。信号待ちで、街中で、卑屈にならないで済むということがどれだけ重要なことだったのか……。ところが、だ。大きなベンツでも卑屈になることがある、ということに気付いたのは、そのベンツが来てから1週間も経たないうちだった。上には上がいる。これは世の中の常である。そんなシチュエーションで思わず下を向いてしまう自分。えも言われぬ敗北感。そんなものを感じているうちに、信号待ちでちょっとでも偉そうにしていた自分が、えらくみっともない存在に思えてきた。クルマの種類で人間の価値を測り測られることの愚かさよ……。何を言ってる、自分がそういう価値観を作っていったんじゃないか……と、自問自答の毎日である。そのうち、外出するのも億劫《おっくう》になってきた。これはまずい。これからの余生をいったいどう暮らしていけばいいんだ。

気が付くと今までの価値観とは真逆の、目立たないクルマを考えるようになっていた。目立たないクルマで、誰にも注目されることなくひっそりとカーライフを送りたい。そう思っていた矢先に、かみさんが作曲大賞なるものを受賞し、副賞として日産スタンザをいただけるという。クルマ好きの性《さが》というか、クルマがもらえるというだけで飛び上がって喜ぶ自分が悲しい。「当然、会社の誰かに使ってもらうよね?」とかみさん。そうだね、と言いながらとりあえず慣らし運転は僕が、と我が家のガレージに無理矢理停める。まあ、何というタイミングの良さだろう。このままずるずると自分のものにしてしまおうという魂胆である。立派なベンツとちっぽけなスタンザ。比べるのもかわいそうだ。立派なクルマ命と思っていた自分が、こんなもの(失礼)に乗れるのだろうか。いやいや面白そうじゃないか、と思うもう一人の自分。どうやら自分の中に物差しが二つあるようだった。興味の方が先に立ってスタンザで街に乗り出す。偉そうなものから乗り換えると、まるでパンツ一丁で街に出る気分である。やたらすうすうする。心なしか周りのクルマが自分に冷たくなったような気がする。割り込まれる。合流でも入れてもらえない。どうやら人は、クルマの種類で上下関係を判断している。錯覚ではない。部長がある日突然、平社員待遇になったような、そんな気分だった。しかし、最初のうちはそんな卑屈な思いをしていたものの、クルマを降りる頃にはどこか爽やかな気分にもなっていた。ふと思った。平社員にはなんだか自由があるぞ……。

それからというもの、毎日スタンザで仕事に出かけた。毎日のカーライフがやたら身軽に感じられた。ベンツなんか要らないんじゃないか、と思う日もあった。けれどそこまで人間ができてはいない。あの重しがあってこそのスタンザだ、だからあれは売れない。しかし、スタンザとお別れする日は刻一刻と近づいている。かみさんにいつまでも自分のものにしていないで早く会社に返せ、ということを言われ始めていたからだ。スタンザが去ったあとにはぽっかりと心に穴が開くだろう。よし、探そう。小さいクルマ、そして目立たないクルマ。そしてできれば安い方がいい。等身大のクルマを買って等身大の自分を取り戻すのだ。まるで正反対のものを求めてきた僕に、果たしてそんなクルマ選びができるのだろうか。

パンツなクルマでも、お洒落なパンツをはきたいと思った。みんなが知っているようなものもやめよう。どうせなら誰も知らないような、ついでに自分も今まで気付けずにいたようなクルマがいい。だめ押しに国産車はやめよう。いろいろ考えた挙げ句、当時撤退が決まったばかりのアルファロメオに白羽の矢を立てた。

値段はゴルフクラスだから悪くはない。それにアルファロメオという名前の響きがなんともいいじゃないか。「君、何に乗ってるの？」「アルファロメオ」なんて……。今でこそどうってことないのだけれど、当時は知る人も少なくて、密かに優越感を持てるであろうことは容易に想像がついた。そこで、火の消えたようなディーラーに意を決して入り、そして屋上で雨ざらしになっていた売れ残りのクルマを手に入れることにした。なぜか納車までにやたら待たされた。ところがこのパンツ。やってきたのはいいけれど、最初からほつれているわ、穴が開いているわ、収まりが悪いわ、で大変な目に遭うのである。そのあたりの話はまたいずれ。

# アルファスッドのこと

続きである。

まったく知らなかったのだが、僕が訪れた店はアルファロメオの輸入販売から撤退することが決まっており、ショールームこそまだ存在していたものの、がらんとした、変な雰囲気になっていた。そんなところに何も知らないクルマ好きのまだ小僧だった僕は飛び込んだというわけ。

「ごめんくださ〜い！」と何度も大きな声で呼んでも誰も出てこない。「ごめんくださ〜い！」何度大きな声で繰り返しただろうか。縁がなかったんだ、帰ろう、と思ったとき、ふと目つきの悪いおやじがにょろっと顔を出し、「何の用？」と言う。「何の用」はないだろう、と小僧でも思うわけだが、クルマ好きの性《さが》で、偉いのは売る方、偉くないのは買う方、となるのが悲しい。「かくかくしかじかで、一番小さいアルファロメオが欲しいのです」と言うと「ちょっと待ってて」と言う。これ、本当に原文のまま。つまりこちらが敬語。あちらが普通語。暫《しばら》く待っていると、目つきの悪いおやじは「電話番号教えて、あとで電話するから」と言う。電話番号なんか教えたらちょっと怖いな、と一瞬思ったのだけれど、そこはクルマ好きの性、教えないわけにはいかない。仕方なく教えてその日は帰宅した。

電話がかかってきたのはそれからどれくらい経ってからだろう。開口一番「あのさ、買う気ある？」

と言う。「あります」と即座に反応してしまう情けない自分。なんでこっちがへいこらしなければならないんだ。何度も言うが、撤退作業を開始していたおやじにとって、もうビジネスなんて余計な作業でしかなかったわけである。しかし、そのときはそんなことなんかこちらは知るよしもなく、嫌な気分半分、ちょっとわくわくする気分半分、である。

「実は一台あるんだよね」と彼は言う。「本当ですか⁉」と途端に嬉しくなる自分。「今度持って行くからさあ、良かったら乗ってみてよ」。……これをどう解釈したらいいのだろう。良かったら乗ってみろって、良くなかったら返却してもいいということなのか？　登録は？　保険は？　そうこうしているうちに目つきの悪いおやじは本当にそのクルマを家まで持ってきた。しかし、やたら首をかしげている。「ちょっとさあ、今日は無理だな、ごめん」。あれよあれよという間に、クルマとともにそのまま帰ってしまうおやじ。その後の電話での説明によると、ちょっと具合が悪いから直してから持って行く、とのことだった。何だろう、この気持ち。ごちそうを運んできたのはいいけど、匂いを嗅ぐ前に持ち去られてしまったこの感じ。そして後日、再度彼はアルファロメオを運転してきた。しかし、また首をかしげている。「まだダメか……」。ま、置いていくからちょっと乗ってみてよ」と言う。さすがに2度目は置いていってくれるらしい。どこかがダメらしい新車を前にどうしたらいいものか考える自分。ま、とりあえず乗ってみよう、ということでチョークを引き（懐かしい！）エンジンをかける。ブスブスブスブスといいながらエンジンはかかった。ガレージを出てクラッチミートをした途端、クルマはガクガクガクガクとしゃっくりを起こしたような動きになった。前後に激しく頭が揺すられる。やばい。こんなの乗れない。100メートルも走らないうちにガレージに入れられるアルファロメオ。そして再び取りに来るおやじ。

そして電話が鳴る。「あのさ、どうする?」「どうするってどういう意味でしょうか」「だからさ、買う?」「え～、あの～、その～」「買うなら完璧に直してから持って行くから」

そうなんですか……。完璧に直るなんて俄《にわか》には信じられないけど……信じます。はい、信じますとも……。こうしてクルマ好きの小僧は何をとち狂ったのか、こんなおかしなクルマと暮らそうと心を決めるのであった。そしてここから、実は僕の人生は大きく変わるのである。

最初の出合いから多分2か月あまり。最小のアルファロメオ、アルファスッドtiはこうして僕と暮らすようになった。夏には水温が上がり調子が俄然《がぜん》悪くなった。チョークの使い方が悪いとキャブレターがかぶり、エンジンはかかることさえしなかった。不思議な位置にブレーキローターがあり、そのせいで雨の中でブレーキをかけるともうもうと水蒸気が立ち上った。でもクルマは機械。機械とはそういうものだ、と教わったことが本当に大きい。僕がクルマの仕事を始めるようになったのは、実はこのクルマのおかげなのである。

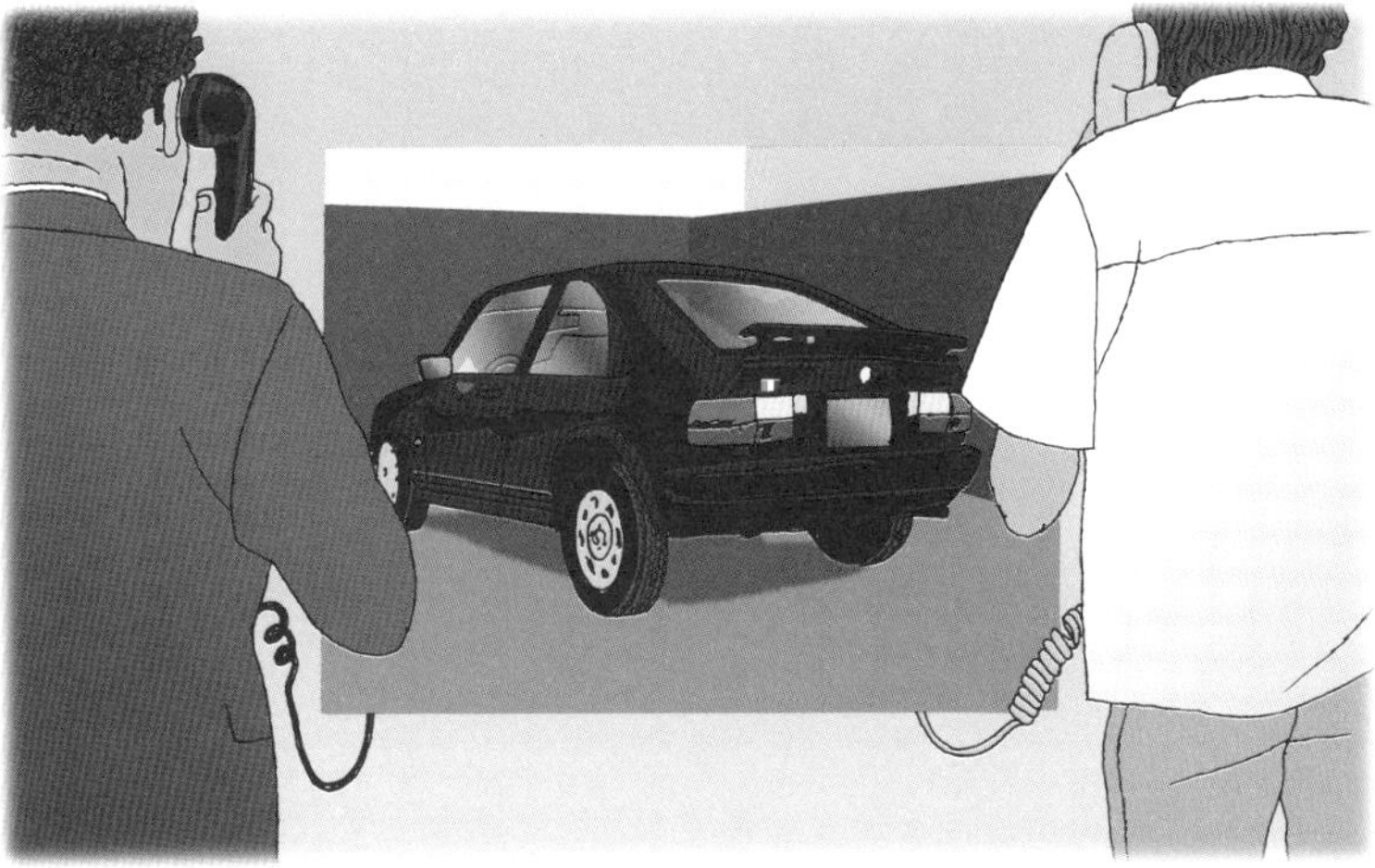

# 右か左か？

アメリカ車に右ハンドルだなんて……僕が若かりし頃、誰も想像し得なかったことが今は普通になっている。普通だから何事もなかったかのように右ハンドルを受け入れているわけだが、40年ほど前に自分を戻してやると、これは驚愕《きょうがく》すべき出来事だ。日本には敗戦の影響がかなり長い間、色濃く残っていたということなのだろう。戦後、日本は左ハンドルを本格的に受け入れなければならなかった。そして、それが長いこと続き、いまだに左ハンドルが許されている。もちろん、これはクルマ好きにとってありがたい話だ。左右両方が許されている国なんてそうざらにはないからだ。

イギリス車ではない右ハンドルの輸入車が普及し始めたのは一体いつの頃からだろう。僕の覚えている限り、戦後ではフォルクスワーゲンあたりからだったのではないか。ただし、1970年代に登場した右ハンドル輸入車は欠点も多いとされた。なぜなら左で設計されているものを右に移し替えるのは結構大変なことで、というのも今とは違ってほぼアナログの時代だから、補機類を移し替えることも難しく、無理矢理右に移すとペダルの位置が全体にずれてしまい、ドライバーは正面を向きたいのに下半身は左にねじ曲がってしまうといったようなことが頻繁に起きていたからだ。当時の輸入車にはまだクラッチ付きのものも多く、アクセルペダルとブレーキペダルが極端に近くなってしまったものや、左足を休める場所がないクルマなんてざらにあったことを覚えている。だから僕らの世代のクルマ好きは当時、左ハンドルの国のクルマは左ハンドルで乗りたい、と思ったものだ。

僕が初めて左ハンドルのクルマを購入したのは73年のこと。アウディ100というクルマだった。ベンツの小さい方（当時は主に2種類しかなかった）とほぼ同じ大きさで値段は半分近く、というお買い得な価格設定だったけれど、初めての輸入車ということもあり、納車までひどくドキドキしていたことを思い出す。納車された直後、生まれて初めて左側に乗ったときのあの違和感は一生忘れられない。果たしてどっちをどう見てどう安全確認をしたらいいのかさえわからなくなった。家の周りを一周するのでさえ手に汗を握った。すぐに慣れますよ、と人には言われたけれど、ある程度慣れるまでに1週間はかかったように思う。でも慣れてくると、これはこれで安全なのではないか、と思うようにもなった。なにしろ細い道では楽に左に寄せられる。左を歩く歩行者との距離もこちら側なら当てずっぽうにならずに済む。唯一怖いのは、前を大きなバスが走っているときで、乗客の乗り降りで停車したときに右から抜いていくのは結構な勇気が必要だった。ただ、これも時間が経つにつれて、無理をしないように心がけることで、かえって安全かもしれないと思うようになった。もちろんETCなどない時代には料金所で苦労するときもあったし、駐車場の入口でチケットを受け取るときなどはいまだに苦労するシチュエーションもある。ただ、昔に比べるとそういう場面はぐっと減ったように思う。

最初に購入したアウディはATだったから左右だけ気をつければ良かったけれど、80年に購入した中古のポルシェはMTだったから、これまた頭が混乱するのではないか、と危機感を覚えたものだ。けれど、来てしまえば、それも半日も転がしていれば慣れてしまう類いのものだった。そうやって考えると、自分にとって一番違和感を持ったのはやはりあのとき、つまりアウディが来たときだったと言える。

逆に初めて右側通行を経験したときの違和感もよく覚えている。アメリカ西海岸だった。アウディのときほどではなかったものの、右左の安全確認はすべて逆さまになるわけだから、立場が歩行者になっても混乱した。ただ、左ハンドルの経験があったからだろうか、あるルールさえ頭の中にしまっておけば大丈夫だった。あるルールとは、たとえ道を間違えても無理をしないこと、だ。目的地からどんどん離れるようなことになってしまっても、無理だけはしない。おかげでアメリカで僕の隣に乗りたいというやつはどんどん少なくなっていったけれど。毎年のようにアメリカに行き、向こうで運転をし、さらにこちらに帰ってきて右ハンドルのクルマや左ハンドルのクルマを試乗するような毎日。混乱しないのですか？　と、よく人に聞かれる。もちろん混乱しないことはない。ウインカーレバーは必ずと言っていいほど間違える。あっ、しまった、と思う僕を隣で「ダサい」と言うやつもいる。正直な話、自分が右に座っているのか左に座っているのか、右を走っているのか左を走っているのか、頭のどこかで自動的に調整するようになっているのか、何も考えなくなっている自分がいる。さらに言えば右ハンドルが安全なのか、左ハンドルが安全なのか、いまだによくわかっていない。

100GL

# パリとポルシェ

僕は小学校のときに家族旅行で乗った初めての飛行機でちょっとしたトラウマになり、海外旅行デビューは30歳のときだった。

トラウマ事件……それは九州からの帰り、台風の影響で鉄道の橋が水に浸かったとかで列車が動かず、急遽《きゅうきょ》飛行機にキャンセル待ちで乗ることになったときのことだ。当然のことながら列車の人たちは飛行機に殺到し、僕たち家族はバラバラの席。僕は老人の会みたいなグループの中にポツンと座らされた。ＹＳ11は飛び立つと、台風の余波でゆらゆらと揺れ、僕の隣の老婦人が例の紙袋を取りだした。すると、周りの会の人たちは連鎖なのか、みんな袋を取り出し唸り始めたのだった。地獄だった。僕の隣の老婦人はよほど苦しかったのだろう、小学生の僕に「ぼうや、お願いだから運転手さんに言って止めてもらってちょうだい」と袋に顔を埋めながら懇願した。いくら小学生でも上空で飛行機を止めたらどうなるかくらい想像ができる。頭の中はパニックになり、二度と飛行機には乗るまい、とそのとき心に誓ったのだった。

それから20年あまり、海外というものを知らずに一生を終えるのか、などと思っていた矢先に、2か月のパリでの仕事が入った。しかも音楽ではなく、なぜだか役者の仕事だという。それが非現実に映ったせいなのか、僕は上の空で「やります」と答えていた。今だから正直に言うが、仕事自体には何の興味もなかった。ただ、海外に行く最後のチャンスだ、と思ったのだ。

旅立つその日までは本当に気が重かった。当日などは、成田に行くクルマが事故を起こし、行けなくなったらいいのに、なんてずっと考えていた。残念ながらクルマは予定通りに到着し、僕は夢遊病者みたいな感じでふらふらと撮影隊一行のグループに近づいていった。

飛行機は乗ってしまえばなんてことはない。ジャンボということもあって至極快適、袋を取り出す人なんて一人もいやしない。CAの前の広いスペースで僕は小学生みたいにはしゃいでいた。それが最高潮に達したのは、機長の「ただいま、ドーバー海峡上空を飛行しております……」というアナウンスがあったとき。いやあ、ついに僕は浦島太郎状態を脱出したぞ、という感動に包まれていた。数十分後、飛行機は高度を下げ、早朝の深い霧の中を降りていく。ふと霧の隙間から空港そばの小道を行く、黄色いヘッドライトのクルマが数台見えたときには本当に泣きそうになった。パリだ。憧れのパリだ。この決断をして本当に良かった、と。

初めてのパリは何もかもが新鮮だった。フランス語なんてしゃべれないくせに、ひとりで地下鉄に乗り、そしてタクシーにも乗った。多くのタクシーには助手席に犬が乗っており、最初はびっくりしたが、これは防犯のためだ、と聞いてちょっと納得した。もちろん日本に帰ってからすぐに真似た。あとはたばこのポイ捨ても真似た。つまり浮かれて、何でもかんでも真似をした、ということだ。今思えば情けない限りだ。

2か月というのは案外長く、撮影は案外暇で、僕のルーティンはなんとなく決まっていった。朝、滞在していたアパートのそばのスーパーでパンとハムを買い、食べてからひとりで地下鉄に乗り、サンジェルマンデプレまで行き、ドゥマーゴのテラス席でお茶を飲みながら、パリウォッチングをする。ファッションやら、クルマやら。それから目の前の大きなスポーツ店に寄り、買い物をするときもあれば、意味もなく歩き回ることもあった。毎日のように通ううちに、同じ通りの同じ場所に駐車されているポルシェが気になるようになった。それは他のパリのクルマたち同様に埃だらけであり、無造作に片足を歩道に乗り上げて停まっていた。それが停まっていないときは、どうしたのだろう、と気になるようになった。タルガ、という変わったモデルだったこともあって、威圧感が少なかったのだろう。僕はいつの間にかそのクルマを擬人化、いや自分自身を投影して見ていたような気もする。

撮影のことはあまりよく覚えていない。演出家にいくら演技指導されても、ちっともうまくできなかったし、ピアノを弾くシーンがあって、そのためにキャスティングをされたはずなのに、それもちっともうまく弾けなかった。若い共演者やスタッフたちがずっと年上に見えた。いつも小さくなっている感じだ。なんだかあのクルマのように……。

2か月を終え、帰国して早々、例の並行輸入屋のおやじから電話がかかってきた。安いポルシェがあるんだよ。買わないか？　と。興味本位だけで見に行って驚いた。パリにいたポルシェと色形まで全部一緒だったから。安いだけあってかなりのガタピシだったけれど、もちろんそれから一緒に暮らすことにした。運命なんてそんなものだ。

Les Deux Mag

# 人生最後に乗るクルマ

人生最後に乗るクルマは何だろう、と考えていた。人生最後の食事は何だろう、と同じ、クルマ好きの性《さが》である。

20代の終わり頃だったか、僕は尿管結石になった。それはかみさんのいない深夜に突然起こった。電話をしていたのである。誰とどんな話をしていたのか、はっきりとは覚えていないが、最初、背中が痒《かゆ》いと思ったのである。ポリポリと掻《か》いてみたが痒みのポイントがわからない。そのうち何だかムズムズしてきて、やがてズキズキとなった。背中寄りのおなかだ。いかん、便意が……と思い、電話を切ってトイレに行ってみたものの、おなかを壊しているのでもなく何だか普通だ。それにいくら用を足しても治らん、と思っているうちにさらに背中は痛くなってくる。ん？　これは、これまでの人生の中で経験したことのない痛みだぞ、と思った瞬間にどうしようもない不安に襲われた。やばい、何とかしなくては……。一瞬、救急車が頭をかすめたが、いかんせん深夜の住宅街に救急車がサイレンを鳴らしながらやって来て、担架に乗せられて運ばれる自分を想像するとどうにも気が重い。

だんだん痛みは増しているものの、まだ死ぬほどでもない。仕方なしにマネージャーに電話をすることにした。電話をして、かくかくしかじかで迎えに来てほしい、と言うと「はい、わかりました」という。その言い方にあまり心がこもっていないような感じがして、ちょっと不安ではあったのだが、案の定、待てど暮らせどなかなか来ない。クルマを走らせればものの15分、いや、深夜だから10分で来られる距離なのに、1時間待っても来ない。さすがに僕は七転八倒していた。どうやっても治まらない痛みと不安とで吐きそうだ。とはいえ、かみさんもいないし、吐いたら自分で掃除をしなければならない。僕はバケツを片手に抱えながら、ゴキブリのように這いずり回る。立っているよりも這っていた方が楽なのだ。それでも来ない。仕方なしに再度家に電話をすると、なんとそいつが出るではないか。「何やってるんだよ！」と僕。「あれ？ 本当だったんですか？ てっきりいたずらかと思って」と彼。そういえば、いつもいたずらばかりしてこいつを騙していたっけ。しかし、さすがに悲愴な声に気付いてくれたのか、「今度こそ迎えに行きますから」と言う。20分ほどして迎えに来てくれた彼は、まずこれを飲め、と正露丸的な錠剤を差し出した。だ〜か〜ら〜、おなかを壊してるんじゃないって言ってるだろう。それでもやつは「おばあちゃんがこれを飲めば良くなると言ってます」と言ってきかない。仕方なしに10粒ほど飲むものの、効くわけもなく痛みは増すばかり。「仕方ない、では病院に行きましょう、近くに24時間やっている病院があるから」と僕を担いでクルマに行く。彼ご自慢の三菱ランサーEXである。

「あの、クルマの中では吐かないでくださいよ」と彼。「うるせえよ。言われなくても吐かねえよ」……こんなやりとりをしながら大きな病院に着くと、最後の力を振り絞って中に入った。さすがに夜中の2時とかだからシーンとしているのだが、やがて当直の医師だか看護師だかが眠そうに出てきた。マネージャーは病院に響き渡るような声で「すみません。手術が必要かもしれません。入院させてください」などと言っている。おいおい、正露丸飲ませておいて、手術っていったい何だよ……。朦朧《もうろう》としながらも、こいつは一刻も早く僕を誰かに預けて帰りたいのだ、ということに気付く。このやろう。しかし、次の一言を聞いて僕らは凍りついた。

「うちは精神科病院です」

それからどういうふうに別の病院を探して行ったか、実はほとんど覚えていない。もう、こいつと一緒にいたらダメかもしれない、と何度も思ったことを除いては……。結局、下高井戸駅近くの救急対応の病院にたどり着いて、担当外らしい当直の医者に診てもらい、明日来てくれ、ということになった。何の処置もなしに痛いまま帰途につく僕。いや、マネージャーの運転するクルマに乗せられる僕。僕の最期はこうやって誰かの運転するクルマに乗せられて病院にたどり着き、それで終わりなんだろうな、なんてふと考える。最後に乗るクルマは自分のクルマではない。なんだよ、それ……。好きでもないクルマに乗せられて終わるのかよ。

こんなくだらないことを考えるのは、最初に言ったようにクルマ好きの性だ。結局、翌日の検査の結果、尿管結石とわかり、入院の必要はないと言われたものの、自主的に入院。3日くらい滞在させてもらった。不思議なことにマネージャーは毎日お見舞いに来た。あとで判明したのは担当看護師をデートに誘うためだったらしい。もちろんあっさりと振られ、その後は再び僕のいたずらに悩まされるのだった。

## オープンカーの魅力

今のご時世になんだけど、夏の始まりになると無性にオープンカーが欲しくなる。幌を開け放って、高原の澄みきった空気の中を、髪をなびかせながら走ったらどれほど気持ちいいことか。ふと木立の間を通り過ぎるとき、聞いたことのない鳥の声が聞こえてきたりして、ああ、まだ自分は知らない場所がいっぱいあったんだ、なんて思いながらドライブするのだ。そう、想像するのはいつも高原。海ではない。だいぶ昔、ドイツのシュトゥットガルト周辺の林の中を走っているときに、ふいに前世で見たことがある、と直感したことと関係があるのかもしれない。でも冷静に考えてみると、高原に行くまでは結構長い道のりを走らなければならないし、高原からの帰りはきっと疲れているだろうから、絶対に幌は閉じているはず。そう考えると、気持ちいい時間は全行程の4分の1もなく、それなら行き帰りの楽なクルマがいいや、となってしまう。おいおい、これがクルマの仕事をやっている人間の吐く台詞《せりふ》か？

実を言えば15年以上前、マツダ・ロードスターを持っていたことがある。納車されると、きっと誰もがやると思うが、まずは幌を開け放った。う～ん、いいね……。オープンカーは幌を開けたときが一番かっこいいのは当然だ。で、ドライバーズシートに座ると低くてこれまた気分がいい。性能的にはスポーツカーとは言えないかもしれないけれど、ライトウエイトスポーツの雰囲気は十分にある。ほう、小さいくせになんだかボンネットが長く感じて、あまり小さいものに乗っている感じがしないぞ、というのは意外だったけれど、ま、いいか。というわけでさっそくガレージを出る。季節はちょうど初夏。気分がいいのはよいけれど、ちょっとすうすうするなあ。無防備な感じ。ズボンをはき忘れた人みたいだ。そよ風は股間さえもくすぐっていく。信号で止まると、自分は想像よりも低いところに座っていたのだ、ということに気付かされる。それくらい周りのクルマたちはデカい。軽自動車ってこんなにデカかったっけ？　とにかくいつも上から覗かれているような気分。思わずもじもじしてしまう。

とりあえず試運転はそのくらいにして戻り、翌日はスタジオへ乗って行った。首都高速は若干、渋滞気味。自意識過剰なのか、昨日にも増して周りのクルマのドライバーたちが自分を見ているような気がする。ま、スーパーカーならわかるが、こちらは普通に買える国産車。すべて気のせいである。とはいえ、変な格好では乗れないな、と思う。当然変な運転もできない。できるだけ普通に発進し、普通に止まる。できるだけ目立たないようにするのがオープンカーを楽しむコツである……、ん？　これでいいのか？

渋滞は続き、トンネルに入ってギョッとした。うっ、窒息する……。トンネルの中がこんなに排気ガスで溢れかえっていたとは。慌てて幌を閉めようとするが、手動なのと慣れていないのとでどうにもできない。第一、クルマはのろのろでも動いている。次にオープンカーを買うなら、室内からボタン一つで操作できる電動幌付きのものにするぞ、と早くも決意する。まあ、スタジオにたどり着いたときには、いつもとは違い、かなりボロボロになっている自分がいた。それ以来、僕のロードスターは基本的に幌を閉めっぱなし。なんだか宝の持ち腐れのような気もするが、窒息死はしたくないから。

購入してから1年が経とうとした頃だったか、ちょっと用事があって会社の近くの（駐車禁止ではない）路上に停めた。夜の10時過ぎだったと思う。30〜40分ほどしてクルマの方に歩いて行くと、なんだかクルマが変な形に見える。あれ？ なんだろう。傾いているのか？ ……近くまで行ってそのわけがわかった。見事に幌が切り裂かれて室内に垂れ下がっているのだ。参ったのは、うっかり鞄《かばん》を車内に置いたままだったこと。車上荒らしはこの鞄が目的だったのである。この日以降、クルマを停めるときにはどういう状況であれ、荷物はトランクの中と決めた。それでもこのクルマを所有している間、再度切り裂きジャックに遭った。気を付けていたにもかかわらず、だ。

オープンカーと暮らすにはそれなりの覚悟と準備がいる。高級車ならなおさらだろう。長く駐車するなら前もって安全な場所を探しておく必要もありそうだ。それに高原はいいけれど、実は花粉で顔がぐちゃぐちゃになるし、鳥のうん○の直撃に遭ったこともある。海に行けば必ず顔はべたべたになった。日が照ると涼しい時期でも暑くてタオルが必要だし、ちょっと木々の生い茂ったところに入ると寒くてコートが欲しくなった。

それでもやっぱりオープンカーはいい。腐っても自然と触れ合える。自然は宝物なんです。というわけで、死ぬまでにもう一度オープンカーオーナーになる予定でいる。

# 第五章

# カーライフよもやま話

# 守護霊

僕には2人の祖父と2人の祖母がいた。そりゃ誰でもいるさ。いなければ父と母は生まれてこなかった訳だし、ついでに僕も生まれなかった。父方の祖母はたぶん僕が生まれる前に脳梗塞か何かで亡くなっていて、僕は彼女の姿を写真でしか知らない。割合面長で、鼻の下が長く、どう見ても美形とは言い難い。あまり認めたくはないのだが、僕はちょっと祖母に似ていると思う。そして、今回の主役は彼女の連れ合い。つまり父方の祖父である。僕が物心ついた頃にはもうおじいさんで、禿げていて……そしてうちに同居をしていた。よく考えたら僕らが彼の家に同居していたんだけど。

母方の祖父がシャルル・ボワイエ似のハンサムボーイだったから、どうもうちにいる祖父の方は分が悪い。僕は彼に対してあまり優しくはしなかった記憶がある。なにかと口答えをし、言われたことの反対のことをした。でも祖父の方はと言えば、僕を怒鳴ることもなければ、もちろん手をあげることもない。何かにつけ、いつも諭すようにされていた記憶が多い。それがまた子供にとってはイライラの元になるわけである。もっとはっきり言ったらどうなんだよ！

祖父との思い出はいくつもあるのだけれど、なぜかはっきりと覚えているのは道路の中央寄りを歩く祖父の姿だ。今の環状八号線……何度も言うが当時は舗装もされていない対面通行のただの道だったが、この中央寄りを杖をつきながら歩くのである。もちろんクルマは行き来する。そして当然のことながら歩道なんて洒落たものはない。一緒に出かけると必ず……真ん中とは言わないが、まあクルマが走るようなあたりを歩くから危なくて仕方ない。

「ねえねえ、おじいちゃん。そんなところ歩いていると自動車に轢《ひ》かれちゃうよ」と言うのだが、必ず「クルマの方が止まるから大丈夫だ」と言い返される。このやりとりは無数にした記憶がある。孫の言うことに耳を貸さずに道路の中央寄りを堂々と歩く祖父。ああ、嫌だ。なんでこんな人が僕のおじいちゃんなんだろう、と何度も思った。ところが不思議なことに、クラクションで脅された記憶はないのである。彼の言う通り、堂々としていれば大丈夫ってことなのだろうか。

そんな祖父も僕が中学の2年くらいだったか、老衰で亡くなった。88歳だった。母はほっとし、父は……このときにはわからなかったが、後になって父は祖父のことをそうとう尊敬していたことがわかった。

さて、話は一気に40年くらい飛ぶ。とある山岳テストコース。僕は日本の小さなメーカーが開発したてのスポーツカーに乗っていた。クルマ番組の撮影のためである。ここは割合走り慣れているのでどこでどれだけスピードを落とせばいいのか、どこでどれだけ踏めばどうなるのか、ほぼほぼ見当は付いている。ちょっと舐《な》めていたのかもしれない。ヘアピンを登った次の左コーナー。2速から3速にシフトアップし、ハンドルを切ったままアクセルを踏み込む。普通なら、前輪が堪えきれなくなりずるずると滑り出し、後輪駆動のクルマの場合ならさらに踏んでいると後ろも滑ってバランスが取れていくのである。このクルマも後輪駆動。当然それを予測しながら踏んでみる。ところが予測とはまったく違う動きが出た。前が滑り出すより先に後ろが滑ったのである。いわゆるスピン方向である。焦った僕は逆ハンドルを切るが、予想しなかっただけにすべてが手遅れ。あれよあれよという間に蛇行が始まり、気が付けば崖を真っ逆さまに落ちる僕。この崖がよく見える側にいた番組スタッフたちは真っ青である。みんな僕が死んだ、と思ったらしい。まあ切り立っているし、最後にはクルマのおなかが見えたと言うからね。ところが僕はなぜか傷一つなし。車輪がいくつかちぎれ飛んでいるのに、ものすごく不思議な気分でクルマを降り立ったのだった。この日は開発者も来ていたから、穴があったら入りたい気分なんだけど。とまあ、そんなことはどうでもいい。話はこれからだ。

ある有名な霊能者が後日、この日のことを言い当てた。誰にも喋っていなかったからすっかりびっくり、である。そしてこう付け加えた。

「おじいさまが守ってくれたのです」「へっ？　おじいさまって？」「同居されていたおじいさまです」

基本的にこういうことは信じない僕ではあるのだが、その日以来、祖父に対する考え方が明らかに変わった。ああ、もっと優しくしておけば良かった。もっといろいろな話を聞かせてもらうんだった。……とはいえ全部後の祭り。できることと言えば年始のお参りのときに祖父のことを思い出すことくらい。それにしてもなぜ、祖父は僕を守ったのだろう。こんなひどい孫のことを。一番そうであってほしくないのは、僕が祖母に似ていたから、とする説である。

# クルマとトイレ

松任谷家の家系は、ほぼおなかが弱い。なにかとおなかを壊す家系である。親父もしょっちゅうトイレに立てこもっていたし、叔父にいたっては、自分の結婚式のときにトイレから出られなかったそうだ。いったいどういう結婚式だったのか見てみたかったものである。

いやいや、他人事《ひとごと》じゃない。そういう自分も子供の頃からおなかが弱くて、ひどく苦労した。具合が悪くなるときは必ず前兆がある。家を出るときにすでにわかるのだ。そこを雑に見過ごすと大変なことになる。通学中のことで言えば、電車に乗ってしばらくして、いわゆる「差し込み」が襲ってくる。参ったな、で済めばことは簡単だが、差し込みのひどいやつは始末が悪い。貧血まで引き起こすのである。顔は青ざめ、脂汗だらだら、意識は朦朧《もうろう》とし体中の力は抜ける。何度こんな目に遭ったのかわからない。意識は朦朧としたまま、駅のトイレを探す。トイレが間に合わない、と思ったこと数知れず。しかし、人間の底力というものは侮れないところがあって、一度として歩き〇〇〇をしたことはない。これは自慢すべきことなのか……いや、我が家系においては自慢をしてもいいと思う。

そんなわけで僕は、松任谷家の慣例に従って日常的にトイレの個室に立てこもる。とにかく差し込みが怖いのだ。トイレから出て、数分も経たないうちにまた立てこもる。もしかして……と思うから。そこで完遂できなかったらまた数分して立てこもる。おなかを空にしたい、の一念である。たぶん中学の頃からこうだったのではないか。大人になっても変わらないどころか、むしろ悪化してきているかもしれない。

電車に乗らなくなったのも、きっとこの経験が大きく影響している。他人様の前で恥をさらしたくない。だからクルマに乗るようになった。動く個室。とはいえ、おなかが悪くなるのはクルマを運転していても変わるわけはなく、何度となくぎりぎりのところまでいった。

一番危ないのは高速道路で予期せぬ大渋滞に遭うときで、おなかのみならず、メンタルも弱い僕はすぐにここでおなかの具合が悪くなる。そしてひどいときは子供の頃と同じ、脂汗だらだら、全身の力が抜け、意識が朦朧、である。ああ、早く非常駐車帯にたどり着きたい。しかしそういうときに限ってクルマは全然動かない。そしてようやく非常駐車帯まであと数メートル、というところになると、決まって差し込みが一時的に治まるのである。そして頭の中ではあの狭いエリアにクルマを停め、しゃがんでいる自分を想像するのだ。

のろのろと進むクルマから「汚《きたね》えなあ、あいつ……」なんて声が聞こえてくる。それだけではない。「あっ、あいつテレビで見たことあるぞ！」なんて……。恐ろしい。考えただけでも恐ろしいではないか。

僕の同業者でもあるTは、僕と同類のおなかが弱い仲間である。僕はこの話が好きで、何度となくいろいろなコラムに書いているのだが、このテーマになったからには書かずにはいられない。

Tはある日、仕事に向かうクルマの中で差し込みに遭った。僕の恐れる高速道路の大渋滞中に、である。彼の取った行動は、クルマ好きの僕にとってなかなか真似のできないものだった。

辺りを見回すも、非常駐車帯はない。クルマの中を見渡すもティッシュはない。紙らしきものは、彼がこれから使おうとしている譜面のみ。彼は迷うことなくズボンとパンツを下ろし、譜面をちぎってはシートに置き、○○○をすると窓から捨て、ちぎっては○○○をして窓から捨て、最後には残った譜面でお尻を拭いてそれも窓から捨てた、と言う。

本当かよ、とも思うが事実らしい。おかげで仕事場に着いたとき譜面がなくて参りましたよ、わははは、と笑った。笑ってる場合じゃない。道路に捨てるなんてありえないぞ。それに、譜面と言ったって紙でしかないわけだから、多少シートに滲《し》みたらしく、すぐにクルマはクリーニングに出したそうだ。それでも結局は臭いがついてる気がして売っちゃいましたけどね、と言っていた。

どのくらいの値段で売りに出されたのかはわからないが、購入者がその話を聞いたら絶対に買わなかっただろう。いや、問題はそこではない。僕はその話を聞いて以来、道路上をひらひらと舞っている紙が怖くて仕方ない。模様がついていたりするとなおさらだ。みなさんも紙だと思って油断をしていると痛い目に遭いますよ、と言いたい。

事故こそ起こさなかったから笑い話として話せるかもしれないけれど、力んだ瞬間にアクセルなどを間違って踏んでいたら大変なことになっていたはず。その前に腰を浮かせた時点でそうとう危険だ。だからクルマに乗る前にはトイレに行き、おなかを空っぽにして乗るのだ。

# 限界のその先

先ほどの続きで同業者Tの話である。繰り返すなら、スタジオに向かう高速道路が渋滞しており、急に激しい便意を催した彼は運転席でパンツを下ろし、腰を持ち上げ、紙がないので自分の書いたスコア（この日使う譜面のことである）の上にしては窓から投げ、拭いては窓から投げ、を繰り返しているうちにその日の譜面がなくなってしまった、という話。だから高速道路を走っているときには紙といえど気を付けましょう、というようなオチを書いた。けれど編集の方から、窓から投げるのはあまりに危険だからカットしてくれ、と言われた記憶もあるが、幸いなことにこれは単行本だからそのままになっている。で、何でいまさらこんな話を蒸し返したかと言えば、彼が実はそうではない、と異議を申し立てたからだ。彼の言い分によれば、頑張って持ちこたえ、高速は降りた、と言うのである。

でもさすがにどこかに飛び込む余力はなく、コインパーキング……かどうかはわからないけれど、とにかく他人様《ひとさま》の駐車場にクルマを停め、陰に隠れてした、というのだ。譜面でお尻を拭いたのは確からしい。うーん、もし本当だったら、あとで駐車場からクルマを出そうとした人が、このこんもりとしたモノを見て半日くらいは胸糞《むなくそ》が悪くなったのではないか。それに、いったい誰が片づけるんだ？

どちらにせよ、僕はこの話が怖い。何度も言うが子供の頃から割合おなかが緩く、なにか精神的に苦痛と思われるものに直面すると必ずグルグル言い出す。それが子供の頃には満員電車だったし、今は渋滞、ということなのだろう。実際、それぞれにかなり辛《つら》い思い出が複数、いや、たくさんある。

あれは今から30年以上前の夏だったか。長野県の山の家に友達夫婦と避暑に行き、帰りがお盆の終わりであることをすっかり忘れて、さあ帰ろう、というときに高速道路がひどい渋滞であることを知った。携帯電話もネットもない時代だったから、たぶん山の家の固定電話で渋滞情報を聞いたのだろう。渋滞60キロだという。60キロと聞いた途端、力が抜けて、それがどこから始まってどこまで続いているのかすっかり飛んでしまった。

どうしよう。考えた挙げ句、出るのを少し待とう、という話になった。確か午後4時くらいに出るはずだったのだが6時になり、8時になり、それでも渋滞は長くなるばかり。ええい、出てしまえ！　となった。9時は過ぎていたと思う。山の家付近はもちろん何事もない。がらがらで平和なもんだ。中央自動車道に入っても、多少クルマの量が多いかな、程度。しかし、渋滞情報がウソをつくわけもない。きっとどこからか絶望的な渋滞が始まるのだ。それに突っ込んでいく気持ちは、まるでゾンビの群れの中に放り込まれる主人公の気分。そして、ついに恐れたときはやってきた。赤く輝くテールランプの群れ。何と綺麗なことか……ではない。この絶望的な気分。そして便意。そうそう、クルマは我々夫婦と彼ら夫婦の2台の連ドラ。連ドラなんて、青春だったなあ。

「トイレに行きたい……」と口に出したいけれど、口に出すと本当に行きたくなってしまうから我慢をする。なるべく違う話をして自分の気をそらすのだ。窓を開ける。帰省帰りの乗用車たちの静かな排気音が、山の間に呼吸をするみたいに広がって聞こえる。気持ちいいのだか悪いのだかよくわからない。でも本来の空気はきっと澄んでいるのだろう。時折、前を行くクルマのブレーキランプが消えてそろそろと動き出す。けれど数メートルですぐにストップ。ああ、このブレーキランプが永遠に点かなければいいのに。それにしても30分でいったい何メートル進んだのだろう。家までの帰り道がまるで月旅行でもするかのような距離に感じられてしまう。

「トイレに行きたい……」。最初に口に出したのはかみさんの方だ。それとほぼ時を同じくして、後続の友人夫婦のクルマがパッシングをして合図をする。どうやら向こうも同じらしい。そういえばサービスエリアらしきものがもう少し先にある気配がする。と、同時に目を疑った。路肩にはしゃがみ込んで用を足す人々の姿が。それも一人や二人ではない。なんだ、これは……。地獄絵図じゃないか。そして、遂に我慢の限界を超えたかみさんと友人はドアを開け、路肩を走る。なんとかサービスエリアには辿り着こうというのである。でも、携帯電話なんてないのである。どうやってクルマに戻るの？

結論から言えば、クルマがちょうどサービスエリアに差し掛かる頃、彼女たちを拾うことができたから良かったものの、もしはぐれていたら、と思うといまだにぞっとする。

自宅に辿り着いたのは朝の10時。ほぼ12時間。で、僕の方はと言えば、すっかり引っ込んでしまったのである。人体の不思議、というわけだ。

# 方向音痴

僕はかなりの方向音痴だ。知り合いの中では一番だと思う。たとえば、左に曲がるべき交差点を間違えて行き過ぎたとする。先で左に曲がって、どこかでもう一度曲がって、ぶつかった道が行きたかった道だとわかっていても、どれかが途中から曲がっていたりするともうアウトだ。自分自身が信用できなくなるのである。これでいいのか？　いや、いいわけがない。そして訳がわからなくなってさらに迷路に入り込んでしまうのである。

まだカーナビがない時代、伊豆半島の川奈に仕事で行く用事があった。どういうルートを使ったか覚えていないが、とにかく前日に穴のあくほど地図を見て、頭の中に嫌というほどルートを焼きつけ、ついでに余計な景色までも想像してから出かけた。行きはうまくいったのだ。海を左側に見ながら最後は信号を右。そして僕としては珍しく、何事も起こらずに目的地にたどり着いた。

数時間仕事をしての帰り。来るときに死ぬほど慎重に覚えた、ただ引き返すだけの道をどこでどう間違えたのか……とにかく間違えた。最後はここを左、のはずだった。これで海沿いを走るはずだ。ところが、だ。行きとはちょっと景色が違う気がする。そのうち海が左に見えてきた。いや、僕は間違っていないはず。海が左側に見えるのはきっとここが湾になっているからだ、などと訳のわからない理屈を考える。そんな訳ないじゃないか。それでも、自分を信じて走り続ける。海は依然として左側だ。20分して道路標識から逆向きだったことにようやく気付く。20分だ。なんで20分そのまま走り続けたのか。そんな自分がほとほと嫌になる。いつもは自分を信じないで失敗をするから、今度は信じようとして失敗する。こうしてさらに自分を信用できなくなって……。負の連鎖である。

三重県にクルマで行ったときのこと。これまた行きは何事もなくたどり着くも、帰りが大変だった。名古屋まで戻って来られたのはいいけれど、そこから東名に乗れない。レインボーホール（現在の日本ガイシホール）が左側に見え、東名と書かれた方に行くのだけれど、しばらく走って気が付くといつのまにかまたレインボーホールが見えている。つまり名古屋高速をグルグル回っているというわけ。気分は迷子になった子供だ。もう一生うちには帰れないのではないか、という絶望感に襲われる。いい大人が何を言ってるんだ、と思われるだろう。道なんて間違っても死にはしないよ、などとはよく言われるけれど、実際問題、そうなってみるとパニックである。そういうときはPAに入って、クルマを停めてゆっくり考えればいいのかもしれないが、名古屋高速にPAなどなかった。それではいったん高速を降りてしまうのはどうか、といえば、今度は一生乗り口が見つからないのではないか、などと思ってしまう。どうしようもないね。自分でもそう思う。

フランスに取材で出かけたときはもっと悲惨だった。ニースから、僕と取材班は2台のクルマに分乗。聞いたこともない地名の取材地までは2時間弱だという。スタッフ全員が1台に乗り込み、僕はひとり。とにかくあとをついてくればいいから、と言われて黙ってそれに従った。

どこかで高速道路に乗った。そして料金所を通るとき、前のクルマが料金を支払った。いくらなのかわからなかった。料金所から割合すぐの出口で降り、一般道に出た。信号のないT字路を左折。スタッフのクルマは強引に曲がったが、弱気な僕は曲がれない。しばらく交通量が減るのを待ってようやく曲がると、どこにもスタッフのクルマがない。そして目の前にすぐに分岐が現れた。右か、左か、どっち？　ええい、左！　と思って左に曲がると道は大きくカーブして下っていく。どうやらそこは高速道路の入口だったらしい。戻りたくても戻れない。後ろからは巨大なトラックが迫ってくる。あっ……、橋の上にスタッフのクルマが見える。あのときのどうしようもない気持ちは今でも忘れられない。

本線に入ったらどこかに停めよう。しかし、本線は狭く停車できる場所などない。道はトラックだらけで怖くてどこにも停められない。付け加えておくなら、携帯なんかない時代だ。このまま行くとマルセイユ、とある。地図も行き先も、今どこにいるのかもわからない自分。ポケットには5フラン硬貨が1枚あるだけ。荷物は全部あっちだ。それなのに高速に乗っている。トラックに急《せ》き立てられるように走り続けている。はっきりと妄想をした。きっと僕は闇市場に売られる。そして内臓なんか全部取り出されて捨てられる。フランスで僕にできることなんてそれくらいしかないじゃないか。

結果から言えば、僕はなんとか生還した。1時間くらいかかったと思うが、スタッフのいる橋のところまで何とかたどり着いた。怖かった。どんなお化け屋敷に入るよりも怖かった。

最低5年は寿命が縮まったと思う。

# 信頼関係

タクシーに乗ると、行き先を打ち込みますので少々お待ちください、なんて言われる。いつからタクシーにカーナビが普通に装備されるようになったんだっけ……。まったく思い出せないけれど、この会話がほぼ今のデフォルト（標準）になっている。タクシーだけじゃない。僕の周りのドライバーもほぼ全員、出かける前にナビに目的地を打ち込んで、疑いなしに言われた通りに走る。誰に聞いても、それで問題ない、と言う。ふうん、そうなのか。僕は複雑である。カーナビはそんなに信用できるものなのか。それともカーナビとの付き合い方をよく知っているのか。最新のカーナビはそんなに進化しているのか……。

僕は新しもの好きである。カーナビの原型を見たのはたぶん中学生の頃で、映画『007ゴールドフィンガー』のアストンマーティンである。このあいだブルーレイで確認したら、尾行用にセンサーを取り付けると、アストンのカーナビに地図とともにセンサーの位置が光っていた。240キロ範囲であればちゃんと作動するらしい。GPSなしに凄い性能である。僕の年齢でこの映画は当然のことながら原体験であり、そうとうに憧れた。痺《しび》れた、と言った方がいい。夢でも見ているような気分だった。日本でカーナビの利用が始まったとき、真っ先に飛びついたのは当たり前だったと言える。

初めて購入したのがいつだったのか、はっきりとは覚えていないが、持ち出して使えるポータブルタイプであったことは覚えている。性能も信頼性もそれはひどいもので、ほぼ使えないポンコツだった。このあたりからもう僕のカーナビ不信は始まっていたのだろう。

あれは2000年が迫ったある冬のことだった。カーナビはだいぶ現在に近いものになっていたと思う。それはしっかりとダッシュボードに組み込まれていた。クルマが動けば地図もすぐに動き出した。僕はできたばかりのサーキット、ツインリンクもてぎに行くため、入念に場所を打ち込み、地図帳で確認をし、万全の態勢でひとり、夜中の12時過ぎにサーキットのホテル目指して出発した。出発した途端、カーナビはどうも変なことを言い出すのだが、それはすぐに直るだろう、と勝手に思い込んだのが最初の間違いだった。予定では首都高から常磐道、たぶん水戸ＩＣあたりで降りることになるだろう、と思っていたのに、首都高に乗った途端に次のランプで降りろ、なんて言い出すのだ。大きな不安に包まれたが、もう遅い。出てしまったし、時間も時間だ。この時点でカーナビとの信頼関係はほぼゼロ。ゼロでどうするんだよ……という不安で押しつぶされそうである。少なくとも首都高では停まれない。常磐道のどこかパーキングエリアで停めよう、と思った。その時点で心拍数は110くらいあったはずだ。

夜中のパーキングエリアで、どうやら目的地が自宅になっていたことを発見。もう情けないやら何やらで泣きそうになったが、どうしても朝までにたどり着かなければならない。気を取り直し、入力し直して出発である。常磐道の水戸ＩＣで降りて一般道を走る。なんだかカーナビは寂しい道ばかり案内する。嫌がらせなのか？　どうも川沿いらしい。夜霧が出ていてまるで怪談の世界だ。すれ違うクルマもほとんどいない。バックミラーをなるべく見ないようにした。何かが後ろに乗っているのを見たくないではないか。そう思うたびに背中がぞっとする。寒気で風邪をひきそうだ。カーナビの野郎！　僕はこいつに本気で意地悪をされている、と思った。

スタートから走ること数時間、なんとか目的地近くまでたどり着き、最後くらいはカーナビを信用しようと思ったのが間違いだった。カーナビの指示に従って曲がった道はどう考えても田んぼのあぜ道。クルマ1台分がやっと。いや、でも信用するしかない。でもって200メートルくらい進んだろうか。カエルの声がやたらうるさい。どう考えてもあぜ道だ。みんなこんな道通ってサーキットに行くはずなんてない。しかしバックするにはバックミラーを見なきゃならない。お化けが座っていたらどうしよう。この時点で心拍数は130くらい。なんとかバックができたから事なきを得たけれど、脱輪でもしていたら一晩中誰も来ない田んぼの真ん中で、お化けの幻想と闘っていたに違いない。一晩で髪の毛は真っ白になったろう。

この一件以来、僕は完全にカーナビ不信になった。もちろん、今も信用なんてしない。打ち込みはするもののその通り走らない。つい最近も、ちょっとだけ信用したら、どう考えてもクルマの幅ギリギリいっぱいみたいな道を案内しやがった。絶対にこいつらは僕を困らせたいのだ。カーナビの中に住んでいるやつ！　出て来い！

# ウソのような本当の話

50年もクルマを運転しているといろいろな経験をする。楽しいことも多々あったけれどさまざまな不条理にも出会った。今回はとっておきの怖い話。といってもお化けの類いではない。皆さんの身にも起こるかもしれない話だから心して読むように……。

それにあたって、僕のクルマ以外の車名を伏せるのでどうかご容赦を。主役はルノー21ターボと、そのそっくりさんとでも言うべき某国産セダン。サイズといい、四角いところといい瓜《うり》二つ。ま、よく見ればルノーの方が若干角張っているし、グリルが違ったりするわけだけれど、クルマにあまり興味のない人なら間違っても仕方ない。しかも、ダークグレイというボディカラーまでそっくりの色があったからさあ大変。遠目にはさぞかし同じクルマに見えたことだろう。

さて、と。時代は90年代中頃だったろうか。僕とかみさんは千葉の方で長いリハーサルを終えての帰り道だったと思う。道は混んでいた。湾岸線から都心環状線に入って、のろのろになった。ちょうど飯倉トンネルにさしかかったところでストップ。ここは渋谷方面に行きたいクルマが右から強引に合流してくるので必ず混むのである。そう、渋谷方面に繋がる3号線は左に分岐していくのだ。それでも現在なら交互に譲り合うのが当然、というところなのだが、90年代はまだ違っていたんだろうな。つまり、今よりも意地悪なドライバーがずっと多かったってわけ。僕はこのリハーサルで通い慣れていたこともあって左車線。流れている右車線を少しだけ恨めしく思いながらストップアンドゴーを繰り返す。右車線を行くクルマは新宿方面に向かうクルマか、あるいはどこかで左車線に入るチャンスを狙っているクルマか、あるいは分岐の直前まで行けば何とかなるだろう、と思っている楽観的なドライバーか。観察していると誰が何を考えているかわかるから面白い。

僕のクルマはもちろんルノー21ターボ。色はダークグレイ。ふとバックミラーを見ると前述したそっくりさん。どうやらあちらもカップルらしい。もちろんこのあとどんでもない悲劇が起ることは知る由もない。助手席でかみさんは珍しく起きていて、渋滞に苛立《いらだ》っていた記憶がある。そんなこと言ったって、ねえ、ここは我慢するしかないだろう。

トンネルの入口から10分以上。ようやくのことで分岐のカーブにさしかかった。ふとバックミラーに右車線から強引にこの列に割り込もうとしているクルマのヘッドライトが見えた。大きなクルマだ。けれど誰もが意地悪をして入れてあげないように見える。まあねえ。200〜300メートルを10分もかけて辿り着いたのだから、入れたくない気持ちはよくわかる。しかし、そのヘッドライトの動きはちょっと変だ。もしかして……と思っていると、その大きなクルマは急加速をしてゼブラゾーンを突っ切ってこちらの方に来る。でも、この先は細くなっていてこれ以上は無理だ。あっ、やばい。なんと泣く子も黙る英国製巨大高級車！　これが何を意味しているかは想像にお任せする。巨大高級車は僕の後ろ、つまり例のセダンの前に入ろうとしているのだが、セダンは意地でも入れないという気配。やめろよ、命知らずな……。巨大高級車は何度か隙間に頭を突っ込もうとして、セダンにブロックされ、ついにキレた。僕の斜め前にクルマを急停車させるとバラバラと、4人ほどの、まあそのあまりよろしくない連中が降りてきた。ひゃー、セダンかわいそう、どうなるの？　と思った瞬間、そいつらはあろうことか僕のクルマめがけてキックを食らわし始めるではないか。何発も何発も……。これにはかみさんもびっくり仰天。とはいえ、彼女は助手席にいただけで事態を知らないから、きっと僕が意地悪をしたとでも思ったのだろう。ごめんなさい……なんて言っている。馬鹿者！　そりゃ誤解なんだよ！

その中でもちょっと偉そうなやつが僕に向かって「降りて来い！」なんて怒鳴っている。本当はこういう場合、降りてはいけないのだそうだ。もちろん降りたくはなかったのだが、このままじっとしていても埒《らち》があかないので、仕方なしに眼鏡をダッシュボードに置き、ドアを開けた。さすがに一発くらいは食らうかな、と思ったのだ。案外小男だった。見下ろしちゃ悪いな、と瞬間的に思った。この小男、僕を見上げながら今度は「謝れ！」なんて言っている。たぶん、そんなこんなしている間に、クルマを見間違えたことに誰かが気付いたのだろう。バラバラと残りの人間は巨大高級車に乗り込み、小男もばつが悪そうに去って行った。もちろん、この間に意地悪をした方のセダンの野郎はこっそりといなくなっていた。これ、ウソのような本当の話。皆さんも似たようなクルマと並んだときは気を付けてください。

それにしても「セダン野郎！　逃げるなんて汚《きたね》えぞ！」

# タクシードライバー

今は会社のスタッフに送迎してもらうことが多くなったが、ちょっと前まではある特定のタクシー会社のクルマを利用することが多かった。我が家は共稼ぎだから、そして彼女の方は免許を持っていないから、多いときはその月ごとの請求書を見てびっくり、なんてことがざらにあった。タクシーの利点は、それが職業だから気楽に頼めるということ、それにドアtoドアであること。欠点はドライバーによって運転がずいぶん違うこと。こちらが気を使ったりして疲れること、などなど。タクシーは利用しているんだ、という気持ちと、運転していただいているんだ、という気持ちが半々にあるからなかなか複雑である。

昔、ここに書いたことがあるかもしれないけれど、初めてのドライバーと車中でこんな会話をした。「割合この近くに、ある悪役の俳優さんと、大御所のコメディアンの人が住んでいて、たまにお乗せするんですけど、普段は性格がまったく逆なんですね……」。つまり、悪役は実は優しく、コメディアンは意地悪である、ということが言いたいのだ。この話はちょっと深い。悪役は役の上で悪人をやっているだけだから、普段からそんな性格なはずもない……とは誰でもが考えることだが、僕はそうでもないんじゃないか、と考える。悪役をやれるということは、悪い人相であるということで、悪い人相は性格のどこかにそれがあるからで……と。逆もしかり。コメディアンは、テレビの前ではオーバーにやるのが仕事な訳で、僕の知り合いもたいていは大人しいというか、静かだ。それが陰険かといえば、そうではなく、次の面白いことを考えていたりするのかもしれない。ま、たいていの人はテレビの中でついたイメージと比較をするから、彼の言い分のようなことになるのだろう。

こんな話を聞かされた直後は、ちょっと困ってしまう。さて、どんな態度でこのタクシーに乗っていればいいのか。第一、このドライバーはなぜそんな話を僕にするのだろうか。つまり、いい客でいろ、ということなのだろうか……。差し障りのない話題を選んで、別のお客を乗せたときに、僕のことを変なふうに言われないようにしなきゃ、なんて思いながら、お天気の話をしたり、とか、ワイドショーネタをしたり、とか。それが嫌だというわけではないけど、なぜこんなに気を使わなくてはならないのだろう、とふと考える。

ま、でも、乗り合いとはそういうものなのだ。ドライバーと客の関係であっても乗り合いには違いない。そのタクシー会社の中で僕と仲良くなったドライバーも3人くらいいる。ひとりは元旅行会社の代理店に勤めていた人で、海外のことにやたら詳しく、だから車中の会話が楽しかった。まだまだ自分の知らないことはたくさんあるのだな、と毎回感じさせられた。運転も割合スムーズで、疲れているはずなのにそれを感じさせないのが良かった。今はもう会うこともないけれど、もう年齢からいってリタイアしているかもしれない。

もうひとりは、これが面白い人で、永ちゃんファンのドライバーである。永ちゃん、つまり矢沢永吉さんのファンは濃い。もう一筋って人ばかりだ。ところがこのドライバー、それを隠そうとするのである。いろいろなところに「E. YAZAWA」のステッカーなんか貼っているくせに、「いや、あの人はもうだめだ」なんて言う。そんなことこれっぽっちも思っていないことは見え見えなのに、そんなことを言うのは、きっとこっちに気を使っているからに違いない。いやあ、あの人は最高、などと言った瞬間、それに比べてあんたの音楽はつまらない、と言っているような気にでもなるのだろうか。でも、そういう気づかいはうそでも気持ちがいい。永ちゃんファンのドライバーは阿波踊りもやっていて、どこで踊った、とか、どこへ行ってきた、とか、そんな話もする。いや、僕の方から「最近は踊ってますか?」などと尋ねることが多いのだけれど。うちに帰って、かみさんに今日のドライバーの話なんかをすると、僕の倍はタクシーを利用しているくせに、あまり知らなかったりする。第一、ドライバーとはあまり話をしないらしい。何で? と聞くと、あとあと面倒だから、と言う。何も言わないのが一番、らしい。クルマに乗り込むとすぐにイヤフォンを取り出し、音楽を聴き始めるらしい。嫌な客である。僕がドライバーだったらちょっと嫌だ。ルートの確認をしたくても、耳をふさいでいるから話ができない。それであとで何か文句でも言われたら……。

ま、でもドライバーに向かっておまえ呼ばわりする客よりはましかな、とも思う。あいつらはいったい何を考えているのだろう。ドライバーが怒ったら怖いぞ、と言いたい。クルマもろともどこかの壁に激突だってできるんだぞ、と。でも、僕がドライバーだったら、最も嫌な客は酔っ払って車内でゲロを吐くやつだ。間違いない。

# トイレ事情、あれこれ

箱根、大観山《だいかんざん》のてっぺんにあるドライブインのトイレが僕は好きだ。トイレは1階と2階にそれぞれあるのだが、僕の言っているのは2階の個室である。何がいいって、まずデザインがクリーンだ。ちゃんとお尻洗浄も付いている。最近は、公共のトイレのお尻洗浄はどうも……なんて意見も聞くが、汚れていない限り僕は積極的に使う。第一、そんなところが汚れているトイレなんかには絶対に入らない……切羽詰まっているとき以外は。

そして、ここには割合大きな窓があって、窓からは芦ノ湖が見えて、晴れているときにはその向こうに富士山が見える。こんな絶景トイレは他にないぜ、と思う。ちょっと前までは、これがマジックガラスになっていて、外から見えないということになっていた。でもあるとき、それを信じて堂々とズボンを下ろしていたら、どうも目の前にある歩道橋を歩くカップルと目が合った。ん？まさかな、と思って、用を足したあとに歩道橋まで行ってトイレの窓を見てみたら、ミラーになっているはずの窓は半分透けて見えた。ちくしょう、やられた。その後、窓には「外から見えます、ご注意を」みたいな張り紙がされ、ブラインドが付いた。きっと経年変化で性能が落ちたからだろう。遅いよ！

それでも、やっぱりこのトイレが好きだ。歩道橋を渡る人なんてごくたまにだし、そのときだけブラインドを閉めればいい。ドライブ疲れで休むにはこの絶景は欠かせない。山の上だから深い霧がかかるときもあるのだが、またそれはそれで宇宙空間にいるようで気分がいい。いや、どんな状況でも気持ちいいのである。便座のセンサーが人を感知すると、自動的にトイレの蓋は開き、ショパンのノクターンが流れ出す。普通なら、こんな音の気休めやったって……なんて思うところなのだが、ここで流れるショパンが特別に聞こえるのは、やっぱり景色のせいなのだろう。毎回毎回聴いているうちに自分でも弾きたくなって思わず譜面を買ってしまった。

まあ、そのトイレほどではないが、大観山麓にあるトイレも、悪くはない。昔は入る気もしないほど臭いし汚かったのだが、数年前にきれいになり、お尻洗浄までもが付いた。けれど、個人的にはその隣にあるバリアフリーの個室が好きだ。なんて書くと、健常者がけしからん、などと言われそうだが、もちろん、ごくごくたまに、周囲に誰もおらず、一般トイレが汚されているときだけである。ここはまず卓球台が置けるほど広くて、もしも、間違って扉を開けられてしまったら……ズボンを下ろしたまま、10歩くらいは歩かねばならない。それを想像するとそうとう怖い。あとは高いところに窓があって、それがいつも開いており、覗こうと思えば覗かれるという恐怖もあることにはある。ま、おじさんのトイレを覗いたって面白いことはひとつもあるまい。

それにしても日本のトイレ事情は世界一かもしれないな、と思う。最近の高速道路のサービスエリアのトイレだって、我慢を強いられるようなところも少ないし、列車の駅構内のトイレだってずいぶん良くなった。もう少し荷物を置けるスペースが広いといいな、と思うことはあるが、個室数を稼ぐためには贅沢を言ってはいられないのだろう。

トイレは、その施設を運営する企業のポリシーを表すところもある。昔、ドイツのポルシェ工場に取材に行ったとき、そのトイレの色使いのモダンさに、必要もないのに長居してしまったことを思い出す。人が倒れる場所のベスト3にトイレはあげられるそうだから、できればきれいなところで倒れたいと思うのは誰しもが同じだろう。逆にイタリアの某スーパーカーメーカーの、一軒しかない従業員行きつけのレストランのトイレには参った。ミラノ駅構内のトイレも和式のようにしゃがむスタイルで驚いたのだが、このトイレには水洗もなかったのである。このメーカーの名誉のために付け加えておくなら、今はすっかりきれいになっているそうだ。もっとも自分で確認したわけではないので確約はできない。

先進国でワーストトイレはどこか、と言われれば、まあ、かみさんから聞いた某アジアの野○○などを例外とするなら、ロシア、と言いたい。特にトルストイの生まれた地であるトゥーラの町のサーカス場の公共トイレは、結局トイレに10メートル以上は近寄れなかった。それ以上近づいたらガス中毒のようになって死ぬかもしれない。彼らは臭いには鈍感なのだろうか。いやいや、まだあった。モスクワからの道中、道ばたにあったポツンとトイレ。

ああ、もう思い出したくもないからやめよう。つくづく、自分は日本人に生まれて良かったと思うのである。

# 酔っぱらい

　最近、よっぽどのことじゃない限り３００キロ以上の距離は電車で移動する。もちろん名古屋あたりは新幹線である。コロナなんかのことを考えれば、クルマ移動の方がずっと安全だとも思うが、世の中、怖いのはコロナばかりじゃない。知人によれば、一番怖いのは生身の人間だ、と言う。生身の人間は、お化けよりも怪獣よりもウイルスよりも怖いのだそうだ。確かになあ。そう言われればそんな気もしてくる。世の中には元から怖い人もいるけれど、怖くない人に恨まれたら、もっと怖い人になってしまうかもしれない。一生呪われるかもしれない。そっちの方がよっぽど怖い、ということなのだろう。

　新幹線で移動するときは……ほぼ１００パーセント仕事ということになるが……駅までの送り迎えは会社のスタッフにやってもらうことにしている。昔はタクシーを利用していたが、ドライバーによってこっちの気分もあまりに違うのでこうなった。

　現在、クルマを運転してくれる会社のスタッフは元僕のマネージャー。女性である。年齢のことを書くと失礼に当たるが、ほぼ僕のひとまわり下である。ま、ベテランであると同時に、以前にも書いたと思うが、僕に運転を鍛えられた女性でもある。鍛えた、と言うと聞こえはいいが、いちいち隣で文句を言われた、と言った方が正しい。やれ、進路変更の合図が遅いだの、追い越し車線をゆっくり走るなだの、いわゆるそういったことだ。再度言うが、彼女のマネージャー時代の一番の苦痛な思い出は、僕を横に乗せて送り迎えをしたことだそうだ。はいはい、もう文句は言いませんよ。第一僕が乗るのは彼女の横ではなく後ろだ。全然違う……でもないか。

そして、助手席に座るのは僕の娘ほどの年齢の現在のマネージャー。寡黙で控えめな女性である。どんな運転にもポーカーフェイス。僕はワンボックスカーの後ろでなんだか芸能人みたいだ。いやいや芸能人だろ、とよく言われるが、実は僕にそんな意識などない。テレビに出たりするのはスタッフとして出ているつもりだからだ。まあ、そんなことはどうでもいい。そんな感じで仕事場を回り、そして駅まで送迎してもらう。

あれは名古屋だったか大阪だったかの帰り。新横浜まで迎えに来てもらった。けっこう最終に近かったから23時過ぎだったはずだ。例によって前席は新旧のマネージャー。そして僕は後ろの席に座り、新横浜のロータリーを出て直進、細い一方通行の道に入る。前の方に酔っぱらいとおぼしき3人組を発見。細い道の真ん中でなにやらくだを巻いていらっしゃる。こういうときの女性ドライバーはさすがだ。停止し、じっと向こうが気が付くのを待つ。20秒、30秒。さすがに後続車が気になってくる僕。でも遅い時間のせいか、後続車は来ていないようだ。酔っぱらい3人は気が大きくなっているらしく、こちらに気付いていてもどく気配はない。道のど真ん中で通せん坊である。「クラクション鳴らせ！」と後ろから僕。言いながらも、ちょっと嫌な予感はしたのだ。クラクションで動くような連中ではないように見えたからだろう。プッと、予期せぬオナラみたいに小さなクラクションを鳴らす元マネージャー。生ぬるいなあ。しかし、そのオナラに気付いた酔っぱらいの一人がこちらに近づいてきて凄む。何と言ったか覚えてはいないが、そうとう調子に乗っていたことは確かだ。きっとこちらが女性二人だと思ったのだろう。凄んだ挙げ句の果てにはクルマにキック。ボコンと音がした。さすがに凹むまでは蹴ってはいなさそうだ。止めに入っているんだか、そそのかしているんだか、残りの酔っぱらい二人もこちらに来る。へらへらしているようにも見える。この間の凍り付いたような車内の時間は、経験したことのあるドライバーも多いのではないか。さあ困った。男としてこういうときはどうするべきか。降りて行って「すみませんが」……とやるか、「ふざけるな！」と言ってボコボコにされるか、逆に傷害罪でワイドショーに出るか。いずれにしてもろくな結末は見えない。ひたすら耐えるしかない。この場合の正解は今になって思うのだけれど、クラクションを鳴らし続け、周りからの救助を待つ、だったのかもしれないな、と思う。もちろん、酔っぱらいがただの酔っぱらいで、特に怖い酔っぱらいではない、というのが前提だけれど。

ほんの数分の出来事ではあるが、5倍くらいは長く感じられただろうか。この場を何とか脱出した僕らが今起こった出来事を口にできたのは、それからさらに数分が経ってからである。「参ったな」と言うと、寡黙な女性マネージャーがきっぱりと、でも静かにこう付け加えた。「あの顔は一生忘れません」。……ほらみろ、あの酔っぱらいは彼女の呪いを一生受け続けることになるのだ。もうどうなっても知らんぞ。

# 第六章

# 忘れえぬ出会い

# かっこよくクルマから降り立つ

子供の頃、かっこいいクルマを見ると屈託なく「かっこいい」と思えた。かっこいいものはかっこいい。だから純粋に憧れることができた。ありとあらゆるものに、かっこいいものは存在した。あの頃は……。人間でさえも。

いつから自分は「屈託がある人間」になってしまったのだろう。これでいいのだろうか、と思うことがある。年を取ればそういった青臭い考え方は取れるのかと漠然と思っていたのだが、そうでもないらしい。純粋なかっこよさはどんどんわからなくなるばかりだ。いや、純粋にかっこいいクルマから降り立つ人間が、ますますかっこ悪く見える今日この頃である。かっこいいクルマを乗りこなすのは難しい。どうやったって人間は負ける。負けているのに勝ち誇ったような顔をしているのは痛い。痛いからかっこ悪い。と、こういう公式になるのだろうな。

それでもかっこよくありたい、といつも思っていた。そう思わなければ生きていくモチベーションなんて持てないではないか。服装、振る舞い、持ち物、考え方、ありとあらゆるものにかっこよさを求めていた。あれは20代前半のことだったか。夏、結婚前の数日をかみさんと佐島マリーナで過ごしていた。プールサイドはものすごく暑く、けれど涼しい顔を装いながら、今考えるとものすごく無理をしていたように思う。何日目だったか忘れたが、ふと下腹部に違和感を覚えた。はて、部屋に戻って確かめると、できものができている。それもどうやら毛の中だ。子供の頃からおでき体質だったことを思い出した。まずいな、と思った。翌日はさらに大きくなり、その翌日には歩けなくなった。かみさんに告げると、それは大変だ、すぐに病院に行こう、ということになった。どうやら彼女の実家のある八王子にいい病院があるらしい。アクセルからブレーキに足を踏み替えるたびに、ちょっとした激痛が走った。けれどがんばって八王子まで運転した。1時間程度だったろうか。

病院でも、なるべく涼しい顔をしようと試みてはいたのだが、部位が部位なだけにちょっとだけ嫌な予感がした。診察室に入ると、当然ながらパンツを下ろされ、あられもない格好にさせられた。この状態でかっこいいやつなんていないるんだろうか。屈辱感のなか、そんなバカなことを考えた。女性の看護師は最悪で、汚いものを見るような目つき、手つきで部位を探し、なぜ毛を剃ってこなかったんだ、というようなことを言った。えっ？ こういう場合、剃ってこなくちゃいけないの？と不条理極まりない気持ちになった。話はこれだけだ。

それからというもの、かっこよくありたい、という気持ちがあればあるほど、いや、気取れば気取るほど、世の中にはかっこ悪くなるシチュエーションがあるんだ、ということに気付かされた。勉強になった。

何年かして、レコーディングに岡田眞澄《ますみ》さん（故人）を呼ぶことになった。かみさんのデュエット相手として、これ以上かっこいい人はないだろう、ということになったのだ。当時の岡田さんは本当にかっこよくて、下腹部におできができて診察室でパンツを下ろされたとしても、看護師にバラの花を渡してしまうようなイメージがあった。実際、イメージ通り、（たぶん）すごいクルマでスタジオにやってきた彼は、かみさんにバラの花を一輪渡した。なんだろう、ほっとしたというか、やっぱりというか、ため息が出た。スタジオに入ると「さあ、やりましょう」とマイクを通してあの独特の低い声で言った。こっちの部屋では一同ため息の嵐。ところが始めてみると彼は違うパートを覚えてきているではないか。岡田さん、実はパートはこうなんですよ、とマイク越しに言うと、若干焦ったような顔はしたものの、覚えます、と言う。ところが何回教えても元に戻ってしまうのである。汗だくの岡田さん。仕方ないのでしばらく自主練をしてもらって僕たちは席を外すことにした。30分ほどして戻ると岡田さん、シャツの脇の下あたりに輪染みを作っている。見てはいけないものを見てしまったな、と思ったが、再び始めるとやはり覚えられていない。最終的には磯野波平みたいなランニング姿の岡田さんがいた。あの岡田さんが、だ。実を言えば、この一件で僕は岡田さんが本当の意味で好きになった。だって見てくれだけの人だったらとっくに帰っているだろう。

一生懸命やる人はどんなにかっこ悪くなってもいい。かえって好感を持たれる、ということはわかった。ただ、クルマから降りてくる人が一生懸命やっている人かどうかはやっぱりわからない。よっぽどの占い師でも無理だろう。そう思うと、クルマは等身大がいい、と思う。ボロボロなクルマならなおいい。そういえば同じようなことを、僕のクルマの師でもある小林彰太郎さん（故人）もおっしゃっていたっけ。

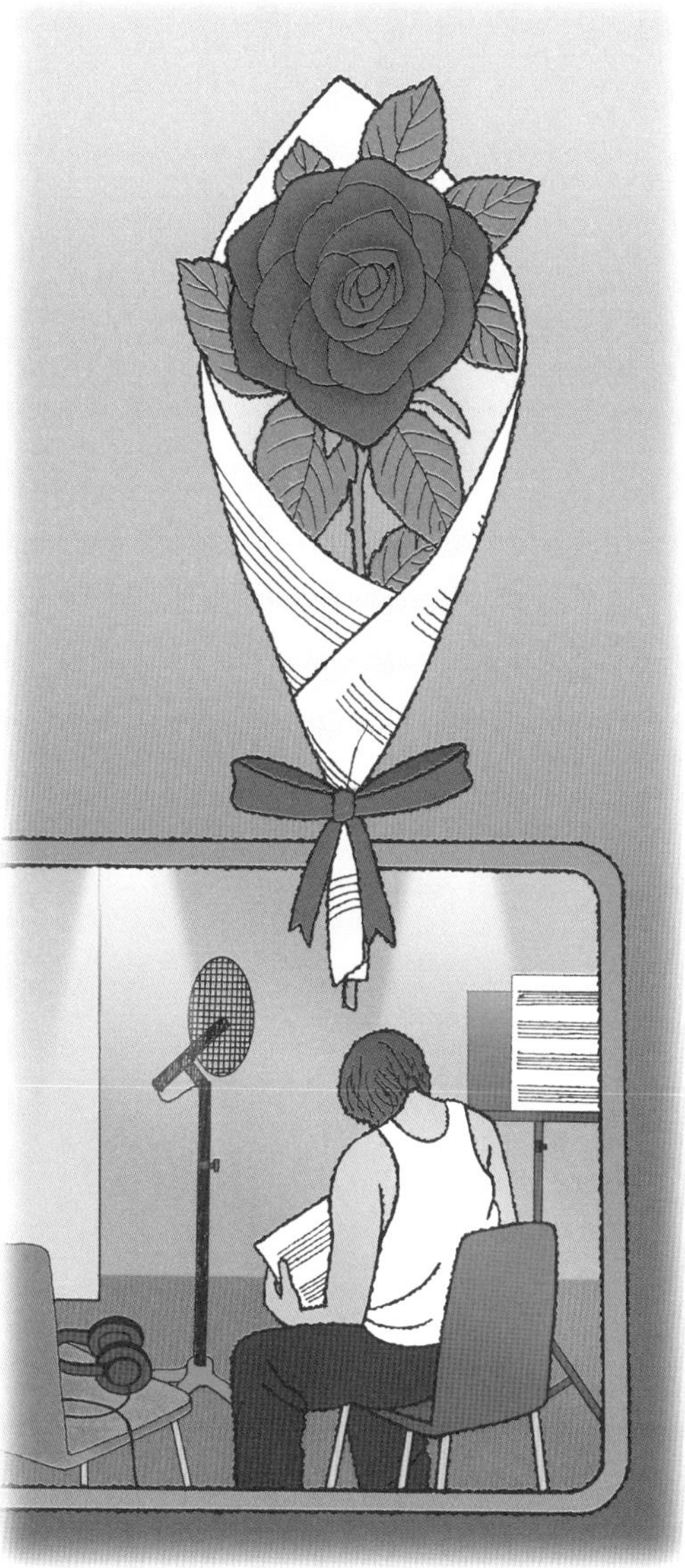

# 小林彰太郎さんの話

数年前に亡くなってしまったのだけれど、僕は小林彰太郎さんの大ファンだった。彼はモータージャーナリストのはしりでもあり、『カーグラフィック』という自動車雑誌を立ち上げた人でもあった。彼のことが気になり始めたのはいつの頃からだったのだろう。たぶん自分でお金を稼げるようになり、一丁前に外車に目が行くようになってからだから、70年代初め頃かもしれない。『カーグラフィック』はどちらかと言えば、国産車よりも外車ばかり特集しており、必然的に読者になっていった。雑誌が発売される日に本屋へ行くのが楽しみで、その日は一日中幸せだった。気になるクルマの記事は何度も何度も読み返していたものだから、一言一句まで覚えてしまった、と言えばどれくらいクレイジーだったかが想像できるだろう。この頃、『カーグラフィック』のライターは基本的に編集部員で、その編集部員たちの書く記事の端々に小林さんに対する畏敬の念のようなものが感じられて、ますます小林さんに興味を持った。小林さんが書く記事は毎号あったわけではないが、でもそれは独特の言い回しと世界観で、誰にも真似できないものだった。キザと言えばキザなのだけれど嫌みが感じられなかったのは、本当にクルマ好きだったからだと思う。舞台の上で死にたいという役者と同じ、つまり心からクルマを愛していたのだ。

一度、路上で小林さんを見かけたことがある。当時の彼の愛車はカラシ色の（アルファロメオ）

アルフェッタで、日本では人気がなかったから隣に並んだときにすぐにわかった。そうそう、頬は骸骨みたいにこけており、のちにスタッフが「黄金バット」と陰で呼んでいたくらいで、見間違うわけもない独特の顔立ちだった。小林さんを見つけた僕が大騒ぎするのを見たかみさんが「そんなに会いたいのなら、今度自分のコネクションを使って会わせてあげるよ」と言うのを聞いて激怒した記憶がある。

「そんなに単純なことじゃねぇんだよ‼」。そのくらい僕にとって特別な存在だったのである。

僕が大ファンだ、という噂がどう伝わったのか、ある日、『カーグラフィック』監修で始まったばかりのカーグラフィックTVからキャスターをやらないか、という打診が来た。事務所のスタッフからその話を聞いた途端、腰が抜けた。クルマの仕事なんてやりませんよね、と言うスタッフを一喝してこう言った。「どんなことがあってもやる！　死んでもやる！」

自分の人生の中で一番ラッキーな日はいつだ、と聞かれたら、間違いなくあの日だ、と答えると思う。この先、なにかで死に損なって奇跡的に助かったとしても、その日ではなくあの日だ。腰が抜けたあとどうしたかと言えば、僕はあの日からこれ以上ないくらい優良なドライバーになった。どんなにひどい割り込みをされても腹が立たなかった。1ミリでも事故やトラブルを起こしたらこの話がパーになる、と信じていたからだ。

そして話が進み、ついに顔合わせの日になった。あれは確か根津美術館の向かいあたりのレストランの2階だった。テレビ局のプロデューサー、制作会社のスタッフ、それから『カーグラフィック』の編集部員……。なぜか僕の隣の席は空いていた。まさか、と思ったけれど、それ以外は考えられない。数分遅れて静かに登場したのはやはり小林さんその人だった。誌面で見るよりも黄金バットだった……なんて思える余裕はない。いきなりの大汗。一瞬にして、まるでバケツで水をかぶった人になった。紅茶も喉を通らない。一滴も、だ。小林さんに「どうしたのですか？」と聞かれたような記憶もあるのだが、実はその先はひとつも覚えていない。

こうして僕は、晴れてクルマを語る仕事を始めることになった。周囲の反対には一切耳を傾けずに。初収録の前の晩は一睡もできず、かみさんに付き添ってもらった。でも、もしその日の収録が小林さんのドライブするクルマの中だったら、緊張のあまり車内でゲロを吐いていたかもしれない。

そんな絶対的な存在だったにもかかわらず、僕はだんだん小林さんと普通に口が利けるようになっていった。そしてあれほどの緊張の謎が解けた気がした。たぶん、僕は小林さんの中にクルマたちの影を見ていたのではないだろうか。つまり憧れのクルマたちと、憧れの小林さんが一緒くたになっていたのだ。それがわかってからというもの、反動もあって、小林さんのやらかした失態や、特徴的なドライビングの真似を面白おかしく人にやって見せた。居眠り運転をしそうになったときの話も、スピード違反で捕まったときの話とかも、脚色を交えて大袈裟《おおげさ》に話した。彼を知る人たちは、それなら、とさらに面白い話をしてくれ大いに盛り上がった。

「番組が続く限り続けてください」と言われたあのときの言葉を胸に、35年経った今も、僕は番組を続けている。

## 中川とポルシェ

ギターの中川が、かみさんのツアーメンバーとして参加し始めたのは40年近く前になると思う。バンマスの武部が連れてきた彼は寡黙で、ちょっとシャイで、初めて会ったのは新宿のリハーサルスタジオだったと記憶しているが、たぶん二言くらいしか話はしなかったのではないか。ギターのプレイは決して僕好みではなかった。どちらかと言えば音を歪《ひず》ませて弾きまくるタイプで、寡黙な性格とのギャップが不思議だった。それでも、僕がもっとこういうふうに弾いてくれ、と言うと素直に従った。こういうふうに、というのがわからないときは、一生懸命それらしき音楽を聴いてきて、これでいいでしょうか？ みたいに聞いた。彼の基本は体育会系で、年功序列を何よりも重んじているように思われた。

運動神経はかなりいいらしく、富山生まれの彼はスキーで国体に出るか出ないか、くらいまでだったらしい。だから冬に我々が40年間、毎年やってきた苗場でのライブ期間……およそ3週間程度……ではスキー初心者の我々のコーチをしてくれた。そのコーチの仕方も、ほとんど何も言わず、こちらが聞けば、こうやってみたらどうですか？ 程度。これが彼の性格をよく表していると思う。

クルマ好きであることを知ったのはだいぶ後になってからだ。僕が5年ほど乗ったアルファスッドを売ってはくれないか、と聞かれた。うん、でも壊れるしオーバーヒートするし、これからはどんどん錆びてくるらしいぜ、それでもいいの？　と聞くと、それでも乗ってみたいんです、と言う。それから2年ほどして、まだその気があった彼のところにクルマは行った。60万円くらいだっただろうか。アルファスッドはいつもピカピカで、なんだか僕のところにいるときよりも生き生きして見えた。伝え聞いたところによると、関越のトンネルの中でタイミングベルトが切れて立ち往生したこともあるらしい。それでも僕にはそんなことひと言も言わずに楽しそうにしていた。次に買うならポルシェだな、と僕が言うと、そんなにポルシェはいいんですか？　と聞いた。いや、運動神経がいいから君に合っていると思うんだよね、と答えると、そうなのか……と考え込んでいるふうだった。

5～6年経っただろうか。彼はアルファスッドを売ってもいいですか？　とわざわざ言いに来た。いや、君のものなんだからどうしようと勝手だよ、と答えると舞台監督の冬樹が欲しいと言っているんです、そしてそういう自分も実はポルシェを買おうと思っているんです、と言う。そうか、それは良かった、ついにポルシェだな、クルマが来たら一緒に走りに行こう、と言うと、今まで見たこともないような嬉しそうな顔をしたのが印象的だった。

ある日、練習スタジオに行くと、駐車場に見慣れない変な色のポルシェが停まっていた。なんだこれは……どういう悪趣味な色なんだ……。どうやら、それは売れ残りでとてもリーズナブルに買えたらしい。この色は大丈夫だったの？　と聞くと、いや、クルマは内容ですから、とちょっと悔しそうに答えた。そうだよな、こんな夜の蝶みたいな紫色は君の色じゃないよな、と言おうとしてやめた。それでも彼のポルシェはいつもピカピカ。反対に冬樹に売ったアルファスッドはみるみるボロボロになっていった。

その後、中川は一度、僕のアメリカでのレコーディングを見学に来た。ロサンゼルスだ。海外は初めてだ、と寡黙なくせに少しだけ顔が紅潮していた。それを見て、僕は彼にいたずらを仕掛けたくなった。よし、これから300キロ先のバーストウという町のアウトレットにこのレンタカーでひとりで行って来い。証拠に何か買って来い、と。着いたばかりの日にそんなの無理です、という答えを期待したのだが、わかりました、行って来ます、と言う。どう行けばいいのでしょうか、と言うので地図を渡し、ここで10号に乗り、ここで5号に乗り換える、みたいなことを言って送り出した。もちろん、携帯電話やナビなどない時代だ。夕方になり、僕はものすごく後悔をした。体育会系とはいえ、いくらなんでもこれはいたずらが過ぎた。下手したらもう二度と帰らぬ人になるかもしれないではないか。だから夜の10時過ぎに彼が戻って来たときには心からほっとした。いや、心の中では抱き合って喜んだ。もう二度とこんなことはさせない、と心に誓った。もちろん彼は証拠を持って帰って来たのだった。

その後数十年、彼はツアーメンバーとして黙々とやってくれ、ポルシェもまっとうな色のものに替わった。苗場でのライブを最後に、病気が見つかり、中川はあっけなくこの世を去って行った。聞いたところによると、亡くなる直前にポルシェは自分で処分したらしい。そのときの彼の気持ちを思うと、今でも胸が張り裂けそうになる。

# ロシアと僕

ロシアとウクライナが大変だ。毎日そんなニュースばかり。これが掲載される頃には、上手いこと収束してくれているのだろうか。それとも……それを考えるのはよそう。僕はこのニュースを複雑な気持ちで見ている。一般人よりはたぶん少し複雑だと思う。僕はロシアとはちょっと縁が深いからだ。

先日もロシアの国営サーカスのアーティストである女性とチャットでやりとりをした。彼女曰《いわ》く、国のトップが2枚の書類にサインした途端にすべてが変わってしまった……らしい。すべての物価はあっという間に2倍になり、さらに今も上がり続けているという。まだスーパーマーケットで食べ物は買えるらしいが、それもどれだけ続くかもわからない、という。ザラもイケアもアップルストアも全部クローズらしい。さらに、この会話ももしかすると続けられなくなるかもしれないから、と、違う連絡方法を教えてもらった。つい最近まで暢気《のんき》な会話をしていたことを思い出すにつけ、世の中が変わるのはあっという間だ。彼女は最近、クルマを買い替えたばかり。6年くらい乗っていた韓国製のクルマから日本製のSUVへ、だ。気に入っているの？　と聞いたら、そりゃあもちろん、と言う。まあ、それまでのクルマが背の低いセダンだったから、目線の高いSUVは新鮮なことだろう。

時差の関係か、彼女はしょっちゅうこちらの夜中に電話してくる。電話をしてくるのはたいていクルマからだ。また混んでるの？　と聞くと、まあ、いつも通り、と答える。そうか、あの広い片側5車線もあるような道が混んでいるんだな、と僕は想像を巡らす。本当にロシアの道はだだっ広い。メインの道ならどの道路でもジャンボ機が離着陸できるだろう。5車線の道路はゴチャッと混み、クルマが頭を突っ込みあって、まるで餌をもらうときの池の鯉みたいだ。そんな絶望的な渋滞も、慣れっこになっている彼らにはどうってことないらしい。ふうん、それで家まではあとどれくらい？　と聞くと、ナビでは30分と言ってる。でもあと5キロくらいだから……だそうだ。ねぇねえ、いくら渋滞とはいえ、携帯で話していると捕まるんじゃない？　と言うと、大丈夫、イヤフォンで話してるから……。話しているそばからピーポーと警察だか、救急車のサイレンが聞こえる。事故なの？　と聞くと、わからない、でも渋滞とは関係ない、と言う。

彼女はリハーサルをするサーカス小屋（と言っても大きなアリーナだけど）からの帰り道、こうやってかけてくるのが好きなのだ。あと10分で着くからもう少し付き合って、と言う。いったい何語でやりとりをしているんだ、と思われるかもしれない。僕らはお互い、下手な英語で会話をする。僕も下手、彼女も下手。だからときどきちょっと待って……と言ってスマホの翻訳機能で言葉を探す。おいおい、クルマが動いていたら危ないぞ。翻訳でわかるときもあれば、わからないときもある。

彼女と知り合ったのは今から15年前。僕が演出をした『シャングリラ』というショーだった。彼女は20歳だったか21歳だったか。モスクワのサーカス会場で他の2人の女の子たちと3人で、このシャングリラのためにリハーサルをしていた。ほぼ新人だった。おじいさんの先生が彼女たちにつきっきりで指導をしていた。ロシア語の発音はどこか怒って聞こえる。おじいさんの声もなんだかずいぶん厳しそうに聞こえた。30〜40分ほどのリハーサルのあと、疲れ切っている彼女たちの顔は今でも記憶に残っている。リングを使った技だったのだが、命綱も付けず、高いところで演技をするわけだから厳しくて当然だろう。近寄って「ズドラストヴィーチェ」(こんにちは) と言うと、彼女は恥ずかしそうにうなずいた。

それが最初だった。それから本番が始まるまで何度もモスクワに行き、リハーサルをし、本番を迎える頃にはなんだか仲良しになっていた。日本でショーが始まると、ドライブに行きたい、と言うので日本人のクルマ好きたちとサーカスの何人かで箱根に出かけた。クルマのルーフで倒立をしている彼女の写真は傑作だ。きっとルーフは凹んでいるぞ。彼女の夢はモスクワで中古車屋を経営すること。好きなクルマに囲まれて暮らしたい、と言う。確かにアスリートライフはそんなに長くはない。そうやって自分の生き方を決めるのも大事だろう。僕は取材でスーパーカーなんかに乗ると写真を撮って彼女に送る。するとすぐに返事が来る。ファンタスティック‼ そのクルマは私の夢! だって。

何年か前に父親を亡くした彼女にとって、僕は日本のお父さんだ。ロシア人の家族愛は本当に強い。だから何かにつけ、いろいろなものが送られてくる。まるで実家からものが送られてくるように。早くこの戦いが終わるといいね……。

# 幸宏のこと

幸宏が亡くなった。幸宏、と呼び捨てにするほど親しくなかったが、でも会うと呼び捨てにはしていた。向こうも僕のことを呼び捨てにしていたからだろう。幸宏は最初、感じの悪いやつだった。初めて会ったのは、僕がプロになり始めた頃だから50年以上前かもしれない。僕のことを頭のてっぺんから足の先まで見たかと思うと、ちょっと鼻で笑った。ウェスタンシャツにカウボーイブーツみたいな格好だったから、ださい田舎者野郎とでも思ったのだろう。その頃から彼が服のデザインをしていたかどうか、定かではないけれど、ファッション業界とは近い位置にいた。今で言うところのジャパニーズデザイナーズブランドの走りみたいな格好をしていた。考えてみると20歳そこそこで音楽とファッションと両方をやっているなんてたいしたものだ。鼻持ちならなくても仕方なかったのかもしれない。

最初は僕はただのバンド野郎。向こうは何だろう。バンドもやってはいたが、スタジオミュージシャンもやっていたし、いや、それ以上のことを知らない。何をやっているのかわからないようなやつだった。僕が編曲家になって、スタジオミュージシャンたちと仕事をするようになっても、ドラマーとして幸宏を使うことは敬遠した。どうせ僕のことをバカにして、言うことを聞かないに決まっている、と思い込んでいたからだ。最初の印象の悪さは長く続いた、ということか。

でも、スケジュール的にどうしても他のドラマーが見つからない、というときがあって仕方なしに彼にお願いした。彼のグルーブは僕の好む方向性とはずいぶん違うのだが、こちらも雇われの身、スケジュールを狂わすわけにはいかない。気を使いながらスタジオに入った。譜面にケチのひとつやふたつは言うだろう、と予測していたが、意外に協力的で驚いた。あれ？　僕の勘違いだったか？　ひょっとしたらいいやつだったのかもしれない、と少しだけ後悔した。それからほんの少しだけ彼の見方が変わった。

73年のこと。僕はかみさんから（当時はまだ結婚前だったけれど）100万円ほど借金をしてアウディを購入。それでスタジオに行った。偶然そのスタジオには別の仕事で幸宏が来ていた。誰かが「あのアウディ、松任谷さんのですよね？」と言ったのが幸宏に聞こえたのだろう。「えっ？　マンタ（僕のニックネームである）もアウディ？　びっくり。僕もだよ」と言いながら寄ってきた。その顔はどう見ても打ち解けた感じであり、すっかりこれで仲良しになったのか、と瞬間思った。「アウディ、いいでしょ？」と言うので、なるべくいいところを思い出しながら答えた。それからどんな話をしたのか覚えていないけれど、こんな明るい顔の幸宏は見たことない、と嬉しくなった。でも、なんかの拍子に「やっぱり5ナンバーは狭いところにすいすい行けるからいいんだよな」と言ったのに対して、僕は何の疑いもなく「あれ？　僕のは3ナンバーだよ」と答えてしまった。ほんのちょっと時間が固まった。「えっ？　80じゃないの？」と聞くので「うん、僕のは100」と答えた。だって正直に答えるしかないだろう。解説をしておくと100はちょっと大型で330万円ちょっと。80はふた回りくらい小さくて200万円台だったはずだ。一瞬しまった、と思った。幸宏はさっと顔色を変えたと思うと、会った頃の幸宏に戻り「ああ、あの貧乏人のベンツね」と吐き捨てるように言って出て行った。

普通ならムッとするところだ。もちろん僕はムッとしたが、その直後、ちょっとだけホッとしたことを覚えている。幸宏はこうでなくちゃ。毒がない幸宏は幸宏じゃないもの。

これは僕が勝手に思い込んでいる話だが、そこから幸宏はクルマの趣味が変わった。明らかに普通のクルマ選びをしなくなった。時代はドイツ車だったり、パワーのあるクルマだったり、大きかったり、という価値観がメジャーなのに、敢えてその反対を行くクルマ選びをしていた。えっ？　そんなクルマに乗るの？　というようなものばかり。でもクルマ好きならわかるけれど、人と違うものに乗りたい、というのはクルマ好きの基本である。悔しいけれどセンスの良さは認めざるを得なかった。目の付け方がお洒落なのだ。特にルノー25なんかは真似したと言われても欲しいと思わされた。幸宏が選んでなければ僕はそうは思わなかっただろう。僕が知っている限り、幸宏の最後のクルマはボルボだ。いい選択だった、と今でも思う。奇をてらわない感じが、まさに今という時代にピッタリくる。そう、時代の空気を読めるやつだったのかもしれない。

幸宏はシャイだ。だから毒舌で、偏屈で、だからお洒落だ。人と違うことをやる勇気は人一倍あったと思う。でも、もし僕が「あの一件がきっかけで趣味が変わったんだよね？」と聞いても絶対にイエスとは言わなかったはずだ。

# 家族

ロンドンから日本に帰ってきていた弟に病気が見つかったのは1月だったか。母親の葬式が終わって間もない頃だった。折しもコロナの真っ盛り。当然ロンドンにも帰れなくなり、日本滞在を余儀なくされた。4月に手術が決まり、それからは何をやっていたのだろう。投薬治療の合間には手術に向け体力を付けるために散歩とかしていたようだ。病気が見つかってからはなにかと連絡を取るようになった。この40年の間に連絡なんてほとんど取ったことはなかったし、会ったことは……親父の葬式とおふくろの葬式以外では二、三度。そんな希薄な関係だったのに不思議なものだ。もっとも相続などをやらねばならなかったから連絡を取るのは必然だったのだけれど。

おふくろのいなくなった逗子《ずし》の家に暫《しばら》くいさせてくれ、ということで、もちろん了解した。おふくろを介護してくれていたお手伝いさんは、今度は病気の弟の介護をすることになった。とはいえ、どう考えても元気そうだった。地元のライブハウスにふらっと顔を出して、そこのハウスバンドに入れてもらった、と言う。楽しいことは免疫力が上がるからいいんじゃないの？　と賛成した。書類の関係で逗子に寄ったとき、このあと散歩したいから逗子の駅まで乗せていってくれ、と言って僕の電気自動車に乗った。あれ？　弟が僕のクルマに乗ったことなんてあったっけ？　とふと思った。彼のクルマになら乗ったことはある。15年以上前、仕事でロンドンに行ったときだった。とはいってもほんの数十分。ロンドンの街中を案内してもらっただけだ。なにかと慣れているふうなのがちょっと羨ましかった。というよりも憎らしかった。ノッティングヒルの坂道にクルマを停めて、ここら辺の土地が高いだか安いだか、そんな話を聞いた。ロンドンは日本と同じ左側通行で、そのせいなのか弟が運転しているせいなのか、外国にいる感じがしなかったことだけは覚えている。

ふうん、電気自動車っていいの？　と弟が聞いた。俺は好きだよ、と答えた。第一、オンラインでバージョンアップできるんだぜ。乗り心地が良くなったり、メーターのデザインがある日突然変わったり、新しい機能が付いたり、驚きの連続なんだから、と言うと、また、ふうん、と答えた。手術を前にしてどんな会話をしたらいいのかわからず、励ますでもなく、慰めるでもなく、ここから歩いて帰るから降ろしてくれ、と言うところでクルマを停めた。再発進をする前にバックミラーで彼の姿を追ったが、もうどこにもいなかった。

数週間後、手術前においしいものを食べておきたい、と言うのですき焼きセットを持って逗子に行った。ネットで注文しておいたすき焼き鍋は前日に届いており、これで完璧だ、と思っていたら、かみさんが割り下を忘れた、と言う。でもお手伝いさんが古いのならあるからこれで大丈夫なはず、と言ってちょっとだけ期限切れの瓶を出してきた。期限を見て、うちなら1年過ぎても使ってるよ、と言って呆れられた。

手術は無事成功したようだったが、暫くはなにやら違和感があったらしく、再び一緒に食事ができるようになったのは6月頃だっただろうか。なぜだか北京ダックが食べたい、と言うので中華料理屋に行ったのだが、手術前にも増してすごい食欲なのでこれまたびっくりした。そんな頃、ベルリンに住む弟の娘、つまり姪からメールがあり、本当に心配をしているので様子を教えてくれ、と言われた。ストックホルムに住む彼女の妹も、ロンドンにいる彼女の弟も、一同みんな心配をしている、と言う。なんだかまた羨ましくなった。こんな子供たちがいるなんて弟は幸せ者だ。

10月に子供たちが日本に来るけどなにかイベントをやらない？　と弟から連絡があったのは8月の終わり頃だったろうか。お父さんに会うのはこれが最後かもしれない、と思って各地から子供たちが集結するのだろうが、この元気な親父の姿を見たらどう思うんだろう。きっと拍子抜けするに違いない。弟はそのためになのか、クルマを買うと言う。イタリア製の小さなクルマでキャンバストップが開くらしい。いいね、と答えた。

みんなが逗子に集まり、即席ファミリーバンドを組み、逗子のハウスバンドの定例会みたいなのに出ることになった。姪たちにぜひ参加してくれ、とせがまれ、アマチュアバンドの集まりに出かけた。アマチュアの世界は熱い。弟の即席バンドは大人気で、なんだかちょっと嬉しくなった。外国育ちで日本語もあまり上手ではない子供たちなのに、なにかやたら近しい気持ちになった。血縁とはよく言ったものだ。

後日、弟からこんなクルマだよ、と写真が送られてきた。ドライブをしながら助手席の誰かがキャンバストップを開け、手を伸ばして撮ったものだ。子供たちも全員乗っている。長生きしろよ、と心の底から思った。

# 第七章　クルマ乗りの心得

# クルマ乗りの心得

1年に一度、ジャーナリストや自動車ライターに向けた輸入車試乗会というのが開催される。聞き覚えのない名前だと思うが、日本自動車輸入組合（JAIA）というところが主催する。ほぼ、輸入されるすべての新車に乗れる、ということで開催される神奈川県大磯町のホテルの駐車場は1年に一度、花が咲いたようになる。僕はかれこれ30年近く通っているだろうか。

30年通っていると、この催し物にもいろいろな変化があった。一番大きかったのはETCの登場だった、と個人的には思っている。最初の頃は試乗車にETCの機械そのものが装着されている車両が少なかったから問題はなかった。でも翌年には半分くらいが装着された。インポーターによってはETCカードを用意して、どうぞお使いください、みたいなところもあったし、袋に入れた現金を用意したインポーターもあった。個人がETCカードを用意し、乗るクルマに挿し込んでいく、という暗黙のルールが出来上がったのは割合最近だったのではないか。

僕がマイカーにETCを導入したのは意外に遅く、登場から2～3年は経っていたと思う。最初はどうにもこの小さな機械が信用できなかった。それにゲートが開かず立ち往生しているクルマを見るにつけ、あれにだけはなりたくない、と思った。とはいえ同じように思うドライバーも多いらしく、目の前のドライバーが立ち往生しても、あーあ……くらいで、クラクションを鳴らすような輩はいまだに見たことがない。こんなとき、日本は案外いい国なんだな、と思う。

　話を戻そう。2022年の試乗会は2年ぶりの開催であった。ご想像の通り、前年はコロナ禍でお休みだったのだ。会場は同じ敷地内でもちょっと離れた駐車場。そして待合室はいつもの宴会場ではなく、広くはあるが隔離された空間、とでも言っておこうか。テーブルは置かれず、椅子だけがポツリポツリと同じ方向を向いて置いてある。殺伐とした感じだ。

　この日、撮影ディレクターが来られないという事実を現地で知った。家族全員でコロナに感染したらしい。他のスタッフたちが黙々と仕事を進めている。嫌な予感はしたのである。大丈夫だろうか……。少なくともこの日のうちに8台のクルマを撮影しなければならない。外からと中からと。毎年、これが目の回るような作業なのは知っている。

　ま、そんなことを言っていても仕方がない、始めよう。ということで1台目のクルマに乗り込んで、走り始めた途端に喋り始めた。すぐに始めないと時間はあっという間に過ぎてしまうのだ。なんだか予想と違って試乗した印象はあまりよろしくない。とろけるように柔らかく、なんて誰かが書いた記事が頭に浮かぶ。まったく……全然違うじゃないかよ……なんて思いながら、でもそんなことは口にせず、淡々と第一印象を話し始める。ユーチューバーみたいにならないように、なんて。ふと料金所の手前でカメラをこちらに向けていた撮影車両が急停車。何事があったのか、と思ったものの、続いて停車するわけにもいかず、そのままETCゲートへ。そしてそのとき、撮影車両が停車した理由がわかるわけである。

「ETCカードが使えません」という、生まれて初めて聞くメッセージ。

おいおい、なんだよこれ……。まずは機械を探す。どこだ？　グローブボックスにもない。センターコンソールにもない。そりゃそうだ。初めて乗るんだからわかるわけない。ああ、なぜ最初に確認しておかなかったんだろう、と後悔してももう遅い。それにふと気付いた。僕はお金を、銭も持っていないのだ。持っているのは免許証一枚だけ。僕は無銭飲食をした人みたいなことをやっているのだろうか？　逮捕されるのか？　頭の中はグルグルである。そのうちなにやらスピーカーから女の人の声が聞こえる。ん？　もう一度カードを挿し込んでみてください？　だから、その挿し込むものも、挿し込まれるものも見つからねえんだよ！　しかも無銭通行なんだよ！　早く誰か来てほしい……。それなのに繰り返されるのはスピーカーから流れる同じフレーズだけ。そして気付けば後ろには2台ほどのクルマが静かに待っている。これは土下座か。それで許してもらえるのか。なにしろこちらは間違いなく時間がかかる。早く出てきて、係員！　自分時間にして30分。本当はほんの数分だったと思うが、この時間の長く感じたことといったら……。結論から言えば、撮影車両からようやくスタッフがETCカードを持って降りてきて事なきを得た。遅い！　遅すぎる！　寿命は2年と3か月は縮まったぞ！　と心の中で叫びながらとぼとぼとゲートを出た。

そして気付いた。この様子はすべて撮影されている。僕はドアを開けたり閉めたり足を出したり引っ込めたり、不審者みたいな行動をしていたはずだ。いったいどんなだ？　この世のものとは思えないような焦った顔もしていたはず。これぱかりは流出しないようにしなくちゃ、と思った。

ETC専用

今も持っている6.3リッターエンジンのメルセデス。
ストーリーがありすぎて手放せない。

写真＝川田有二@Riverta inc

# 運転と靴

以前、1980年代初めにアルファロメオを買った話を書いた。アルファロメオの中でも一番小さな、一番安い、アルファスッドという前輪駆動のモデルだ。

そのアルファスッド、いろいろと問題があった。壊れるのは当たり前。エンジンルームを見ればわかるが、配線の取り回しなんて想像を絶する雑さ。まるで素人がここどここを繋いで……みたいな感じだった。そして、前輪のディスクブレーキのローターが、ホイールのずっと内側にあるのだ。こいつがくせ者で、雨の日にブレーキを踏むと水浸しになっているローターからものすごい勢いで蒸気が上がる。だからよく隣のクルマから心配されたものだ。「煙が上がってますよ‼」。わかっているわい。煙を上げたくて上げているんではないわい。第一、これは水煙なんだから、危なくはないわい。

でも、僕にとってもっと深刻だったのはペダル位置だった。当時の輸入車はかなり無理をして右ハンドルに仕立て直したものが多く、そうするとペダル位置が不自然に左側に寄っているのだ。極端に言えば体をひねって運転することになる。さらに、ペダルの配置も不自然だった。僕のクルマはクラッチ付きの3ペダル。左に寄せたことでペダル同士の間隔が狭まった。一番被害を被ったのがアクセルとブレーキの間隔。ははーん、今月のテーマがこれで見えたぞ、という人は察しがいい。

このクルマを運転するときには足元にやたら気を使った。コバ（靴底の外縁）の張った靴は、ブレーキを踏むとアクセルも踏んでしまう。いっしょに踏まないようにうまく踏んだとしても、ちょっと姿勢を変えると足が触れる。下手すると、コバの部分がアクセルペダルとブレーキペダルの間に挟まって抜けなくなる。危ねえなあ……。でも当時、こんなクルマが実際たくさんあったのです。だからこのクルマに乗るときの服装は足元から決める。足の裏の感覚が大事だからスニーカーはダメ。理想はソールの硬いドライビングシューズなのだけれど、そんなものばかりは履いていられない。多かったのは、コバの張っていない細めの革靴だった。メーカーも言ってしまえ。オールデンなら、バリーラストではなくモディファイドラストを使ったものである。これなら服装も多岐に合わせることができるし、紐靴だから、万が一ペダルに引っかかっても、スポッと脱げてしまう心配もない。いったい何足買っただろうか。10足以上？　今でも、ペダル間隔が狭そうなクルマに乗るときにはこの靴で行く。靴を40年近く持ち続けていると言うと誰もが「すごい」と言うけれど、単純にそれだけの理由からである。

まあでも、あのクルマと暮らしたからこそ出来上がった自分のルーティン（決まりごと）は、今でもなかなか役に立っているな、と思う。アクセルとブレーキを同時に踏む怖さから、いつもいつも交差点で停まるたびに足元を確認するようになり、現代のATのクルマでもついついやってしまうのだ。ま、一番怖いのは踏み間違いだから、やって悪いことは一つもないのだけれど。えーと、この角度がアクセルを踏む角度でこの角度がブレーキ、と。足元はいくつになっても免許を取り立ての自分である。ま、職業柄いろいろなクルマに乗らなくてはならないわけで、これは職業病であるとしておこう。それにいまだにアルファスッドのようなペダルレイアウトのクルマも稀にはある、ということを付け加えておく。

さあ、ここからが今回の一番書きたかったことである。僕は見かけによらず、お洒落好きである。お洒落、とは言わない。お洒落好き。この2～3年でたぶん50足以上の靴を買っているはずだ。本当のお洒落はそんな無駄なことはしない、というのもわかっている。少数精鋭主義がかっこいいことくらい知っているさ。けれど、どうしても〝今〟という雰囲気を知りたいから買ってしまう。そして気付いた。靴の流行はどんどん運転しにくい方向にいっている。これは大問題だ。

ダッドスニーカーをご存じだろうか？　数年前から流行り始め、今やダッドであることは当たり前の感じになっている。知らない人のために説明しておくと、やたらデカいスニーカーだ。幅は昔のスニーカーの1・5倍くらいあるかもしれない。ソールの厚さも倍以上。昔のスニーカーでさえ運転が難しかったアルファスッドなど、このスニーカーでは絶対に不可能、と言い切ってしまいたい。ダッドで運転するとデリケートな操作はほぼ不可能だ。いきおい荒くなる。足裏の感覚は希薄だし、上手な運転に必要な、1ミリ単位でのアクセルコントロールもほぼ不可能。それにここまでデカくなると、アクセルとブレーキの間隔をいくら離しても同時に踏むことだってあるだろう。踏み間違い問題の討論の一角に、靴の問題も入れた方がいいのでは、と思う今日この頃なのである。

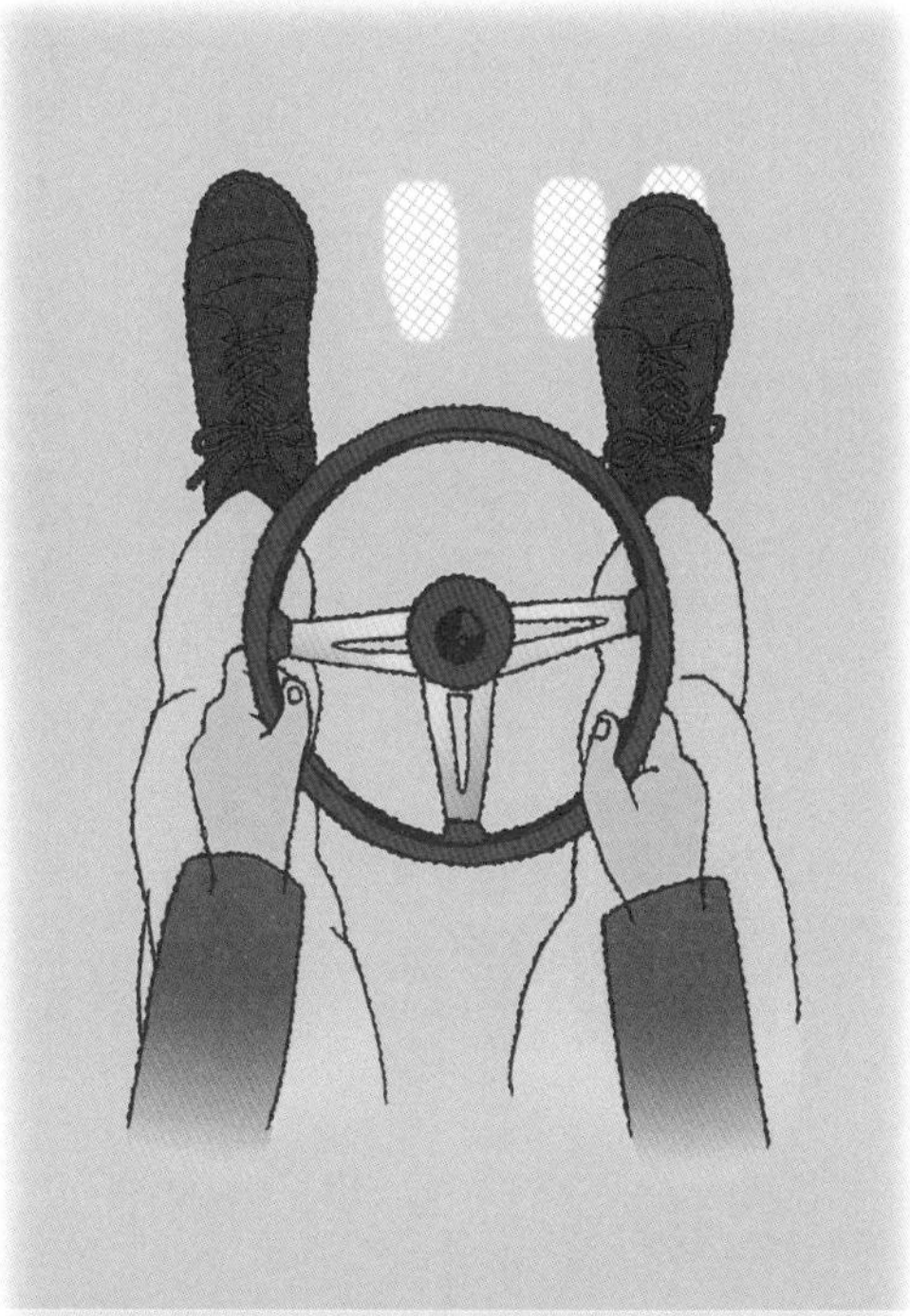

## 居眠り運転の恐怖

タクシーを頻繁に使い始めたのはいつ頃からだろう。でもきっかけは覚えている。ゴルフの帰り、居眠り運転をしそうになって、それからやたら運転が怖くなってしまったのだ。あの日、例によって僕はほとんど寝ていなかった。ゴルフの前の晩になると、なぜか興奮して寝られなくなるのだ。1番のティーショットで大きく右に曲げ、隣のホールに打ち込んでどうにもならなくなる、というようなネガティブなイメージで興奮してしまう。これは僕に限ったことではない。死んだ僕の親父もそうだった。赤い目をこすりこすりゴルフに出かけて行って、とんでもないスコアを出して帰ってくる親父の姿を何度見たことか。とんでもない、というのは当然のことながら、良い、という意味ではない。

場所は茅ヶ崎《ちがさき》のゴルフ場だったから、近いと言えば近い。慣れたゴルファーにとっては都内に出るのと同じくらいの感覚だろう。だから少しだけ油断もした。寝ていないから当然体も動かず、いつもと同じような体たらくなゴルフをして、疲れ果ててクルマに乗った。友人と別れ、ひとりで国道を走り、東名厚木ＩＣへと向かう。結構な渋滞で、僕は少し心配になった。眠くなったらどうしよう……。そう、疲れ果ててはいたが、眠くてたまらん、というほどでもなかったのだ。厚木ＩＣまでは何ということもなくたどり着き、高速に乗る。上り線は横浜町田ＩＣを先頭に7キロくらいの渋滞表示だったか。やばいなあ、と一瞬思った。これを見越して買っておいたペットボトルの水と、それからフリスクと仁丹《じんたん》。これが僕の最終兵器だ。眠くなったら窓を開け放とう。さらに眠くなったら今度は窓を全部閉じて大声で歌うのだ。それでもだめなら……やったことはないがサービスエリアまでは這ってでも行き、そこで仮眠しよう。クルマはあっという間に渋滞に突入し、匍匐《ほふく》前進を始める。眠いな……と思った。やばいぞ、と体が緊張していくのがわかる。水の出番だ。しかし、一口含んでみてもおなかに水が溜まっていくばかりで睡魔には何の効き目もないではないか。計算が違った……と若干焦り始める。こうなると最終兵器総動員である。フリスク、仁丹、水、フリスク、仁丹、水。しかし、おなかがガボガボになるばかり、むしろそれで眠気が増したような気にすらなる。

最終手段で、大声で歌ってみた。何を歌ったか覚えていないが、たぶん大昔のカレッジフォークだったと思う。しかし、眠いときは眠い。自分の声が内耳を通して響き、まるで子守歌に聞こえるではないか。誰だ！　眠いときは大声で歌えばいい、なんて教えたやつは！　よし、それならばと、逆に渋滞で停車したのをいいことに、一瞬目をつぶってみた。おっ、さすがに寝ないぞ。眠いのに目をつぶると怖くて眠れない。人間、よく出来ているものだ。この潜在意識に働きかけてさえいれば、居眠り運転をすることなく無事に到着できるはず、などと考えているうちに横浜町田ＩＣを無事に過ぎ、クルマは流れ始める。しめた！　この調子でいけば問題なく家に着ける、と思ったのが大間違いだった。走り始めた途端、後頭部から殴られたような睡魔が襲ってきたのだ。路面からの絶え間ない振動、変わらない景色、一定の間隔で流れていく白い車線、それらが混然一体となって催眠術にかけられたかのようになったのだ。そして、確かに僕は一瞬寝た。時間にしておよそ1秒。いや1秒もなかったかもしれない。この1秒が熟睡に変わっていたら……。そのあとは寒気がするほど怖くなり、何とかたどり着いたものの、帰ってもしばらくは震えが止まらなかったほどだ。

これで僕はほとんどトラウマ状態になったのだと思う。眠い、とちょっとでも思った日には運転をしないことに決めた。眠くなくても、眠くなるかもしれない、と思う日には運転をしない。そんなのでよくモータージャーナリストが務まるな、と思われるかもしれない。でも潔く運転をしない、というのもドライバーの務めなんじゃないか、と思う。とはいえ、タクシーの後席も実は怖い。ドライバーの勤務時間などを聞いてみればわかるが、たいして寝ていないドライバーもいそうだ。年配のドライバーならさぞかし辛《つら》かろう。なるほど、こういう大雑把な運転にもなるよなあ、と思う。そんなタクシーに当たると、自分もこのデリカシーのない運転に加担しているようで、何とも言えない気持ちになる。ほかのクルマにしてみれば、乗客なんてドライバーの共犯者みたいなものじゃないか。いや、違う。客は客だ。こんな運転、自分の意志なんかであるものか。

疲れ気味の朝、僕はこうして悩みながら、がんばって運転をするか、怖くてもタクシーにするか、考える。ああ、どっちも嫌だ。誰か、早く何とかしてほしい。

# 習慣

世の中にはどんなドライバーがいるのか、観察するのは楽しい。とはいっても、信号で隣に並んだドライバーを見るのはちょっと気を使う。子供の頃には、隣に並んだ見ず知らずのドライバーに「やあ、調子はどうですか？」なんて声をかけあっている光景を見かけたものだが、さすがに今はそんなことをする人は少なかろう。いや、皆無かな。それだけクルマが増えたってことだし、時代が変わった、ということだ。変に目が合って、怪しい人と勘違いされるのはごめんだ。

とはいえ、「隣は何する人ぞ……」じゃないけれど気にはなる。見ない振りをして見る、というのが正しい。安全のためにも見ておいた方がいい。こっそりと、ね。そこへ行くと、信号待ちなどで目の前を左右に流れているドライバーたちを見るのは自由だ。どんな格好をして、どんな感じで運転しているのか、いったいこの人はどういう性格で、どこへ行くのか、あれやこれやと想像してみるのだ。目の前を流れていくクルマは一瞬のようでも、案外そんなことが想像できるくらいの時間はある。

自意識過剰なようだけど、僕はかっこいいドライバーでありたい、と思う。思い続けて50年以上。50年も経つと、かっこ良さの基準も変わってはきているのだろうが、どうもそれがよくわかっていないような気もする。

初めてアメリカに旅をしたのが今から40年近く前。あれはロサンゼルスだったが、信号が黄色になると急ブレーキをかけて停まるクルマがやたら多かった記憶がある。それほどまでに連中は律儀に信号を遵守《じゅんしゅ》したのだ。ほう、日本では考えられないな、と思ったのと同時に、これは日本に帰ってもやらなくちゃ、と思い、さっそく実践した。今までなら、行ってしまうようなシーンでもブレーキを踏む。後続のタクシーなどはびっくりするわけである。クラクションを鳴らされたこともある。でも僕はにっこり。だって、自動車先進国の連中がそうやって運転しているのだから、そっちの方が正しいでしょ、ってなわけだ。僕がこれを実践していると、周りの連中も同じように停まるようになった。黄色はブレーキ、である。あたりまえじゃないか。まだ黄色でどんどん交差点に進入するクルマが多いのを鼻で笑いながら、まったくなっちゃないね、なんてどこかで優越感を持っていたりして。

それから毎年毎年、レコーディングでロスに行くようになるのだが、彼の地で感じるドライバーの姿勢というか、態度というか、そういうものに影響されていった気がする。当時、日本ではまだまだ意地悪が横行していて、合流では絶対に入れないやつ、なんてのがけっこういたのだが、ロスでは必ず交互に譲り合うわけである。うらやましいなあ、と思って帰国するとさっそく実践してみるのだが、なんだか違う。あんなに気分が良くないのだ。どうやら、こちらのことを合流できない下手なやつ、と思われるようだ。そうかと思えば、向こうでは無神経に割り込みをするやつもいるわけである。しかもフリーウェイで。日本ではかなり顰蹙《ひんしゅく》ものでも、向こうでは割合平気でやる。

危ねえなあ、なんて思って見ていても、割り込まれた方も怒ってクラクション、とか煽《あお》り運転、なんてシーンにはお目にかかれない。なんだか基本的に考え方が違うようである。ドライなのだ。

ロス通いも20年くらい経って、ふと気付いた。あれ……黄色で急ブレーキを踏むやつがいない……。そう、交差点でのマナーが知らないうちに日本みたいになっていたのだ。一瞬、これは気のせいか、と思って観察するも、やはりそういうドライバーが極端に減っているのは事実だ。と、同時に日本に帰ると、トラックがハザードを点けてなにやら挨拶をし始めているではないか。なんだこれは……と思っているうちに、それはトラックだけでなく一般車両にまで及ぶようになったから一大事である。このカルチャーを取り入れるべきか、どうするべきか。

アメリカかぶれの僕は悩むわけだ。初めて「ありがとうハザード」を路上で実践したときの、あの恥ずかしいような、誇らしいような、理解されているのか、されていないのか、なんとも複雑な気分は忘れられない。その後、きっとテレビやらなにやらでハザードの習慣が放送でもされたのだろう。あっという間にそれは広まり、今やご存じの通り。気が付くと、今やクラクションの音を聞く機会もほぼ皆無。日本はマナーのいいドライバーだらけになった。変わったものである。

ところで、ロスだけが外国ではない。イタリアにはイタリアの、フランスにはフランスのやり方がある。同じ気持ちで臨むと大変なことになる。もし、彼の地でスムーズに運転したかったら、交差点で行き交うクルマのドライバーウォッチングを勧める。なるほど、こういう顔で、こういう気分で運転しているのかと、きっと勉強になると思う。

PEUGEOT
106

# 半分と半分の論理

世の中には自分よりちゃんとした人間が半分、自分よりちゃんとしてない人間が半分いる、と思っている。特にクルマで外に出た場合は、できるだけそう思うようにしている。

自分が真ん中あたりにいるというのも実はちょっと怪しいものだけれど、おかしなドライバーは存在するわけで、そういうときには動物の国に迷い込んでしまった、と思うようにしている。言葉なんて通用しない。さっさと逃げるだけだ。

このあいだ、自宅近くの川沿いの、クルマ1台がやっとという細い道を走っていたら、前から急に黒い高級ミニバンが現れた。さあ困った。数メートル手前には逃げ場はなかったな、と思い出していたら、その高級ミニバンはずんずんと前進してくる。つまり、おまえが下がれ、というわけである。ひげ面で短髪、ルックスは住職のようだ。久しぶりにこの手合いに出会ってしまったな、という落胆の気持ちと、ちょっとした怒りが入り交じって一瞬戸惑ったものの、ここは下がるしかない。結構長い距離を下がっていき、その間、そいつはズンズン詰め寄ってくるわけである。ある距離まで下がるとそのひげ野郎は左を指さす。高圧的な指さし方だ。俺はそこに入るんだから、おまえはもっと下がっていろ、と言いたいのだろう。挨拶もなしに月極駐車場に入っていく高級ミニバンを見送りながら、なんだかなあ……と思う。それから半日、いや一日は気分が悪くなるのは誰もが同じだ。せめて最後くらい手を上げろよ、と言いたい。

半世紀もクルマを運転していると、似たような経験は何度もあった。なるべく、そのような可能性のなさそうな広い道を選ぶのが唯一の回避方法だが、なんらかのアクシデント、つまり工事中で迂回しなければならないときなどに限って、このようなことが起こるのだから、困ったものである。

今ならドライバーの顔とクルマのナンバーを控えるくらいで済んでいるが、血の気の多かった昔はそうではなかった。あれは40年くらい前のこと。やはり自宅近くの、そうそう、同じ川の少しだけ下流の細めの道で起こった。交通量も少なく、通常は対面通行できるくらいの広さなのだが、その日はこちらから見て右側に建築工事か何かのトラックが4台ほど停まっていたのだ。徐行し、3台目あたりを過ぎようとしたとき、向こうから、いかにもな4ドアセダンが突っ込んできた。おかしいだろ……と思うわけである。どう考えても、トラックはそちら側に停まっているのだから、そしてほんの数秒待てばこちらは通り過ぎるわけだから、誰だって待つだろう、と。ところがそいつは違った。突っ込んできた挙げ句、こちらに手で追い払うような合図をする。しっしっ、というわけである。丸顔のテニスボーイみたいなやつだ。助手席の女の子にいいところを見せたいのかもしれない。すかさず、こちらも下がれ、と手で合図する。ところがセダンはどんどんこちらに押し寄せてきて、どうしてもこちらに下がらせたいらしい。ここで押し問答しているうちに、後続車でも来たら……と考え（てしまうところが自分らしくもあるのだが）、不本意ながら下がると、テニスボーイはあろうことか、すれ違いざまにこちらに向かって唾を吐きかけるではないか。なんたる無礼者！　気持ち的にはすぐさま追いかけたいところだが、狭い道ゆえUターンもできず、はらわたが煮えくり返るような気持ちになりながら、とぼとぼと自宅に戻る。うーん、忘れたい……でも忘れられない。

気を紛らわすために数時間後、原チャリで同じ川沿いの道を通り、本屋に向かっていたら、なんだか見覚えのあるクルマがこちらに向かってくるではないか。あっ……あのセダン……。どうやらヘルメットを被っているせいか、こちらには気付いてないらしい。もちろん、バイクをUターンさせ、追いかけましたとも。若かったから。数百メートル行ったところの信号待ちでそいつに並び、窓をノックする。はっとするテニスボーイ。どうやら自覚はあるようだ。

「おい、こら」と言ったか言わないか。無視するテニスボーイの横でひたすらこちらに謝る彼女。そうなると文句を言おうとしている自分の方が無法者のように思えてくるのだから参る。信号が変わって発進するテニスボーイの口元が「ばーか」と言っているようにも思えたが、それ以上はさすがに何もできず、終了。結局ナンバーだけは覚えたものの、それも数か月するとすっかり忘れてしまった。

あのテニスボーイも今頃はいい年になって、いろいろな経験もしたことだろう。自分よりもちゃんとしたドライバーに会って恥ずかしい思いをしたかもしれない。そうやって普通のドライバーなら進化していくのである。でも進化しないどころか退化していくドライバーも半分はいることを忘れないでほしい。

# 自動車の目線、自転車の目線

うちのかみさんは免許を持っていない。なぜ免許を取らないのか、何度か聞いたことがある。そのたびに答えは違うのだが、僕が思うに、負けず嫌いの彼女は、亭主が得意なジャンルには足を踏み入れたくなかったのではないか。もし免許を取ったとして、普段は亭主が運転をするとしても、たまには代わってくれなんて言われ、隣でくそみそに言われるなんて冗談じゃない、とでも思っているのではないか。

今でこそ、そんなにお酒は飲まなくなったけれど、20代、30代の頃はけっこう強いのが自慢でもあったから、ずるずると取得のタイミングを逃してしまったことも大きいだろう。

ま、それはそれで正しい判断だったと思う。

現在、彼女はチャリ派である。買い物かごを前後に付けた立派なママチャリオーナー。もっとかっこいい自転車はいくらでもあるだろうに、よりにもよってこんな出前にでも使うようなやつを選ばなくても……。

いや、自転車は自分のだから口出しはしないで、と言う。何年か前に、イベンターから誕生日祝いに自転車を、ということでカタログを2冊ほどもらっていたのだが、僕が形のいいやつに丸なんかを付けていたら、それを見て途端にやる気を失ったらしく、買い替えるのをやめてしまった。

しかし、そのときはやってきた。それは数か月前のこと。半分空気の抜けかかったタイヤのままスーパーまで買い物に行こうとして、途中で完全に空気が抜けきり、タイヤが外れ、そのまま走ろうとしたためにスポークまで曲げて走行不能になった。そして都合良く、目の前に自転車屋があったらしい。その場で新車を買ったのだと言う。これがまた、それまで乗っていたのに輪をかけてかっこ悪いやつときた。出前仕様なのはもちろんのこと、ゴキブリ色みたいなテカった茶色で、こんなの誰が買うの？　というくらいの代物。頼むからそんなのやめてよ……。僕はいつも心の中でそう呟いている。

それにしてもタイヤが外れたなんて聞いたときにはドキッとした。道路のどこら辺を走っていたかは知らないけれど、外れた拍子によろけて、後ろから来ていたクルマに轢《ひ》かれでもしたらどうするの。新聞に載るぜ。つい最近もそのゴキブリ号での買い物帰り、歩道とのちょっとした段差を乗り越えようとして大転倒、あちこち擦りむいて帰ってきた。

ねえねえ、もう怖いから自転車やめてよ、と言っても、それじゃあ買い物は誰が行くの？　と取り合ってもくれない。彼女は道交法をどれくらいわかっているのだろうか、と不安になる。面と向かって言っても聞く耳を持たないのを知っているから、僕はなにかと一緒に出かけるときに、さりげなく言うようにしている。

「危ねえなあ、自転車。自転車は左側だよ……。危ねえなあ、自転車。せめて交差点では注意して走れよな……」などなど。果たして彼女はこの独り言をどれくらい聞いているのだろうか。ま、聞いていないんだろうな。

そしてついに僕は自分用の自転車を買った。30年ぶりくらいか。彼女が日頃サドルの上から見ている世界をこの目で見ておくべきだ、と思ったのもあるが、こういうのがかっこいい自転車だぞ、というのを見せたかったのが本音だ。

オランダ製のブルーの自転車。外からはいたってシンプルに見えるが、電動だったり、盗難防止用にセンサーが付いていたり、かなりのハイテクなのである。けれど組み立てながら、自分がそれで走っている姿を想像するとなんだか怖い。自転車はかっこいいけど、30年、自転車から離れていた僕には、どこを走ったらいいか想像がつかないのだ。道路の左端？　道交法ではそうなっているけれど、狭い道ではやっぱりクルマの邪魔だ。普通のドライバーなら気を使ってくれるかもしれないが、普通じゃないドライバーには何をされるかわからない。バックミラーが欲しい。いや、それではまたかっこ悪くなる。では歩道を走るのか？　今度は歩行者に白い目で見られるに違いない。いったいどうすればいいの……。

初乗りは本当に恐る恐る。クルマのいない場所を見つけてちょっと走っては戻ってくる、の繰り返し。免許取得後に初めて公道に出たときのことを思い出した。何をやっているのだろうねえ。子供の頃はもっと普通に乗っていたはずなのに。

それから数か月。僕の自転車ライフはなんとなく形がついてきた。つまり、ほぼ走るルートは同じ。近所にある僕の事務所と自宅の往復のみ。他の道は一切走らない。こうすれば、道のどこに落とし穴があるか（もちろん本物の穴ではない）わかるし、どう走ればいいのかもわかる。よく考えてみたら、僕はクルマでも同じことをやっているのに気付いた。知っている道以外は走らないのだ。バカじゃないかって？　ま、性格なのだから仕方ない。安全第一なのである。

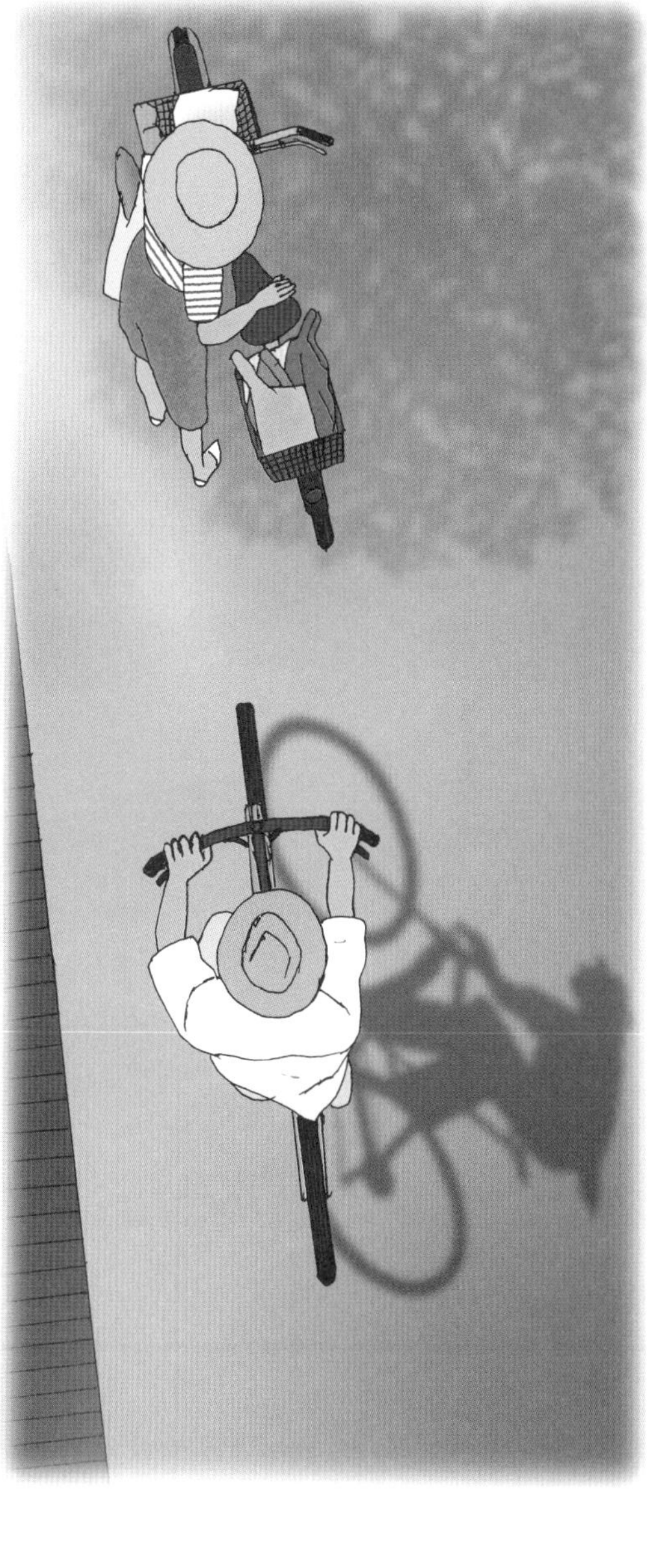

# 投稿

最近、かなりの頻度でSNSに交通トラブルの動画が現れる。たぶん、僕がそういうものを見てしまうために、次々と新しいものが流れ込んでくるのだろう。視聴頻度の高いものが自動的にカスタマイズされる時代になる、というのは20年以上前から言われていたが、本当にそういう時代なんだなあ、とつくづく感じている。今後、エッチなサイトの広告が画面に出てこないことを祈るばかりだ。

ところでこの交通トラブル動画、少なくとも僕のところに来るものはお粗末なものばかり。ほとんどが誇大広告、というかタイトル倒れだ。そしてそれをアップする理由は、まあ人それぞれだろうけれど、ほぼ同様なマインドと言っていいのではないか。つまり、どこか仕返し的なものばかり。相手方のナンバーを隠さないものが多いのが何よりの証拠だ。晒《さら》しものにしたい、ということなのか。見ているこちらも胸が悪くなる。そんなことを言いながら、見てしまう自分はどこか少しでも共感しているということなのか。

小学生の頃、「ディズニーランド」という番組があって、そのなかでもいまだにはっきり覚えているのが、アニメで、普段は小市民の紳士が、クルマに乗るとおよそ病的な乱暴者になってしまうというお話。60年以上も前の話だけれど、免許を取ってみて、それがはっきりと意識できた。クルマはある意味、人間拡大装置なのだ。どんなに小さいクルマでも自分を拡大してくれる。大きく立派なクルマになれば、さらに拡大してくれると思うのは当然である。アニメの紳士も大きなアメ車で、まるでサメの如く周囲のクルマたちを食い散らかしていた。

僕もその自然な流れに乗って、30歳になるまでは大きな、立派なクルマを目指していた。強いものが路上では楽なはず、と思っていたからだ。しかしクルマがいくら強そうでも、自分は所詮自分。クルマから降りたらもうそれは通用しない。きっとそのギャップに知らず知らずのうちに疲れていたのだろう。

前にも書いたが、ある日、かみさんが作曲賞でもらってきた小さな国産車に乗って、なんて気が楽なのだろう、と思った。どういう気分だったかと言えば、爪先立ちから解放された、といったらいいのだろうか。これは目から鱗《うろこ》だった。それ以来、小さなクルマを好むようになった。とはいえ、僕の場合、大きなクルマあっての小さなクルマ。なんだかんだ言っても、どこか強そうにしたい自分は捨てきれないのである。この矛盾。ここらへんに例の動画が溢れる理由がありそうな気がする。

ドライブレコーダーの普及とともに、もっとも多い投稿が煽《あお》り運転関係である。それも、最後に覆面パトカーが現れて、煽り運転を退治してくれる、というようなものがやたら目に付く。自分に代わって正義の味方が悪いやつを成敗してくれる。パトカーが正義の味方かどうかは置いておいて、もし、それが本当なら確かにすっきりするかもしれない。しかし、だ。その煽り運転が本当に悪意があってのことか、と思うと、どうも判然としない。もしも、だ。家族の誰かが急病で急いでいたとしたら？　電車や飛行機の時間に間に合わないかもしれない、と思って急いでいたとしたら？　もっと言えば、煽られたクルマは、追い越し車線をゆっくりと走っていたかもしれない。気付かぬうちにブレーキペダルの上に足を置いて、後続車を慌てさせたかもしれない。クルマは人間拡大装置かもしれないが、同時に被害妄想拡大装置でもある。バックミラーに近づいてくるクルマの顔は確かに恐怖だが、必要以上に敏感になって、おかしな行動に出たりしたら、妄想がそれこそ現実になってしまう。動画たちの中にはそんなことを連想するものも多い。まず、走行する車線を変え、それでも執拗に煽られたら、そのとき危険信号だと思えばいいのではないか。

そんなこんなしていたら、今度は弁護士が投稿しているスレッドがあった。特定のクルマのナンバープレートを公開し、人を無許可で撮影し投稿したらどうなるのか、というもので、どうやら肖像権やらいろいろと問題があるらしい。場合によっては相手方に裁判を起こされても仕方ない、とあった。そういえば、街中でスナップを撮影するのにも慎重にやらないとダメな時代である。いやはや、がんじがらめの面倒な時代になったものだ。

で、僕は思うのだが、これからは鈍感力の時代なのではないか。何にでもルールを作って縛るのではなく、いい意味でいい加減になる。丸く収まるのならそれでいいじゃないか、的な発想になる。実はそれでほとんどのことが解決してしまうような気がしている。

REC

# ホンモノ

正直に言おう。僕も運転をすると人が変わる。臆病な自分と攻撃的な自分の両極端になる。これに気付いたのは、運転を始めて間もない頃。たぶん、路上が少し怖くなってきた頃からだと思う。誰かの横に乗るたびに、ドライバーはなにかしらぶつぶつと文句を言い、そんな影響を受けたのかもしれない。僕も同じようにぶつぶつ言い、ため息をついた。それくらい、路上には不条理が存在した。もちろん、世の中にはサンキューハザードなんて存在しない時代。ひょっとしたらクルマにハザードランプなんてものも付いていなかったかもしれない。その逆に、親切なドライバーに出会うと、自分もそういうドライバーになろう、と数時間は思った。実際にそういう真似をしてはみるものの、不条理な目に遭うと瞬間僕の心はリセットされ、攻撃的な性格に切り替わる。このやろう……。でも、その気持ちは1分くらいでするすると覚めていくのがわかった。1分我慢をすれば、何事もなく自分は平常心に戻れるのだ。よっぽどのことでもない限り。

7割がたのドライバーは大なり小なり、こんなふうなのではないか。では残りのドライバーはといえば、よっぽど人間ができているか、ただの鈍感か、やばいやつか。

これはとある知り合いのミュージシャンの話。彼はジェントルマン。しいて言うならイタリア系のイケメンだ。彫りが深く、濃い顔をしている。そして優しいのである。人と話すときも声は小さく、もっと言えば猫なで声で話す。ちょっと不自然とも言える。これ、デフォルトではないだろう、と、あるとき思った。案の定、見ていると、楽器の世話をするアシスタントにはけっこう怖い顔をしている。いや、それだけではない。遠くて聞こえないけれど罵声を浴びせているようにも見える。でも、こちらを振り返るとにっこりと微笑むのである。うーん、これは表と裏があるかもしれん。

その後、一度彼のクルマに乗せてもらったことがある。ずいぶん前のことだ。確か、僕が助手席、かみさんが後ろの席に座って苗場に向かったのだった。クルマはいすゞの大人しいセダンだった。彼はものすごく丁寧な運転で、急加速、急減速もせず、淡々と走る。かといって鈍感というわけではなく、追い越し車線を走ったかと思えばすぐに走行車線に戻り、同じペースを保ち続けるという、もう安全運転の見本みたいだった。二重人格を疑ったことをひどく反省した。罵声を浴びせかけていたように見えたのも僕の聞き違いだったのかもしれない。それからというもの、人は見かけによるもの、というのが僕の新しい考え方になった。

何年か後、ショーの打ち上げのため、会場から離れた、とあるレストランに向かった。僕はかみさんを乗せ、一足先に。もちろん、僕は彼ほど安全運転ではない。ずっと雑で、気にくわないクルマには独り言ではあるが悪態をつく。かみさんは、それをごく普通のことと思って聞き流す。しかし、レストランに着いても、待てど暮らせど、彼は来ない。いすゞには他のミュージシャンがもう2人乗っていて、従って3人が来ない。打ち上げパーティーは仕方なしに3人抜きで始まり、パーティーも半ば、といったところに3人がとぼとぼと入ってきた。聞くところによれば途中で事故を起こしたのだという。しかも緩いカーブでの自損事故らしい。いったい、どうやったらあんなところで、しかもあんな安全運転なやつが事故を起こすのだろう。そのときは本当に謎だらけだったのだが、数年たってある事実が判明した。

僕のクルマが欲しい、ということで彼にクルマを売ったのである。ドイツ製の小さなセダン。3リッター、マニュアルギアボックス。馬力は300近くあったかもしれない。5年乗ったから、まあいいか、ということで手放したのだが、それから2か月も経たないうちに、彼はひどく申し訳なさそうな顔をしてやってきて、例の猫なで声でこう言ったのだ。すみません、廃車にしてしまいました……。彼の言い分ではこうだ。「細い上り坂にクルマが停まっていたんです。僕はそれをよけようと時速30キロくらいのスピードで、3速で3ミリくらいアクセルを踏んだだけなんです」。うーん、上り坂で時速30キロ、3速は無理があるなあ、と思ったが、やつは続けた。「そうしたらスピンして電柱にぶつかって……」

彼の言う通りだったとするなら、3速でアクセルを踏んでも急加速はしない。3ミリならなおさらだ。たとえ踏み込んだとしてもエンジンがカリカリと悲鳴を上げるだけだろう。そしてそこがいきなり氷の路面だったらともかくスピンなんかは絶対にしない。百歩譲ってスピンして電柱にぶつかったとしても10センチくらいどこかが凹むくらいだ。

その後、彼と2台でドライブしてみてわかるのだが、彼こそが本物のジキルとハイドだったのである。狼よ……じゃなくて、おお神よ。そのうちニュースにならないことを祈るばかりだ。

# 第八章 今、そしてこれから

## 老人ドライバー雑感

70歳になった。69歳とあまり違いはないだろう、と高をくくっていたのがいけなかった。70歳になった途端、がっくりきた。体ではない。メンタルだ。今の時代、60代で死んだら、「あら早かったのね」なんて言われそうだが、70代はもう正々堂々と死ねる。というか、どうぞ、大丈夫だから死んでください、と言われているような気がする。参った。これで80代になったらどうなるのだろう。「まだですか?」と言われているような気になるのだろうか。では90代だったら「詰まっているので、とっととどうぞ」なんて言われている気になるんだろうな。さすがに100歳になったら率先して姥捨山《うばすてやま》に行くかもしれない。冗談はさておき、気持ちは若いのに年齢だけ年寄り、というのは本当にヤバい。ちゃんと自覚をしなくちゃ、と思う。

視野に関しては40代の頃から少しずつ狭まってきたし、動体視力は測るたびに情けない思いをするようになった。それにアクセルとブレーキの踏み間違い、はシリアスなテーマだ。ただ、この問題、実は年齢に関係なく、誰にでも起こる可能性がある。事故が起こるたびに、年齢を問題にされがちだが、そういう切り口で語るコメンテーターは何もわかっていない、と思う。つまり、こういうこと。

毎回毎回、ブレーキとアクセルを踏み間違える可能性を疑いながら踏む、なんてドライバーは皆無なはず。そりゃあ借りたクルマとか、慣れない靴で運転する場合は、最初おっかなびっくり踏むかもしれない。でも、慣れてくれば毎回毎回疑うこともしなくなってくるはず。悪魔はこんなときにやってくる。ドライバーがブレーキを踏むようなシーンを想像すればわかる通り、踏むときは減速しなくてはならないか、停まらなくてはならないときである。そんなに余裕を持ってだいぶ前から踏むドライバーなんてほぼいないはず。いたとしても、仮免許で路上に出たてのドライバーくらいだろう。つまり、余裕はほぼない、と考えるのが正しい。余裕がほぼないときにブレーキがアクセルだったらどうなるか……。おっといけない、と踏み替えられるはず、というのがコメンテーターの論理だが、ここが違うぜ、と言いたい。ドライバーはブレーキだと思ってアクセルを踏むのであって、意に反してクルマが加速した場合、「なんで?」と思うのが正しい。つまり脳みそが「なんで?」から「いけない、間違っているかもしれない」と発想を転換するまでの時間を計算していないのだ。で、気付いたときにはきっと間に合わない。老若男女を問わず、追突事故の何割かはこれではないだろうか、と踏んでいる。

今から54年前の話。軽自動車を持っている友人が我が家に遊びに来て、どういう話の成り行きか、先輩の家に行こう、ということになった。訪ねていくと、この先輩、へえ、いいクルマだな、運転させろよ、と言う。軽自動車を持っている友人は断り切れず、先輩にキーを譲り、狭い狭い後席に潜り込み、僕は助手席に座り、いざ玉川上水沿いの細い道を走り始めた。はじめはおっかなびっくりだったからよかったのだ。ところがこの先輩、いいところを見せようと、この細い道を飛ばし始めた。若造にはよくある話である。数十メートル先に一時停止の標識。ご想像通り、クルマは加速。一同クルマの中ではおったまげるわけである。ブレーキ！　ブレーキ！　とみんなが叫ぶ。クルマの中はパニック。拙い僕の記憶では停まりきれずにさらに数十メートル走ったように思う。ようやく停まったあとの車内の空気といったら……。それぞれがいろいろなことを考えていたのだと思う。暫《しばら》くしてから先輩はぼそっとこう言った。

「このクルマは欠陥だな。アクセルとブレーキが近すぎる」

ま、何事もなかったから良かったものの、もちろん一歩間違えたら僕は今頃先祖たちと一緒に壺の中だ。

そう、年齢に関係なく踏み間違いは誰にでも起こる。これは心しておくべきだ。もちろん「なんで？」から「そうか！」となるまでの時間は加齢により長くなる。そしてもうひとつ。年寄りは「柔らかく」ができなくなる。極端に言えば「オン」か「オフ」になってしまう。たとえばドアノブを必要以上の力で回している、とか、箸を必要以上の力で持っている、とか。実を言えばこのあいだ、家のドアノブを回して手を擦りむいた。もう、本当にがっかり、である。当然、アクセルもブレーキも同じことになっているに違いない。

あまりしたくないけれど、自分の運転に関してはつくづく疑ってかからないといかんな、と思う今日この頃。そして今後のテーマは優しい年寄りになることだ。優しくしておかないと、何かあったときに誰も助けてくれない気がする。

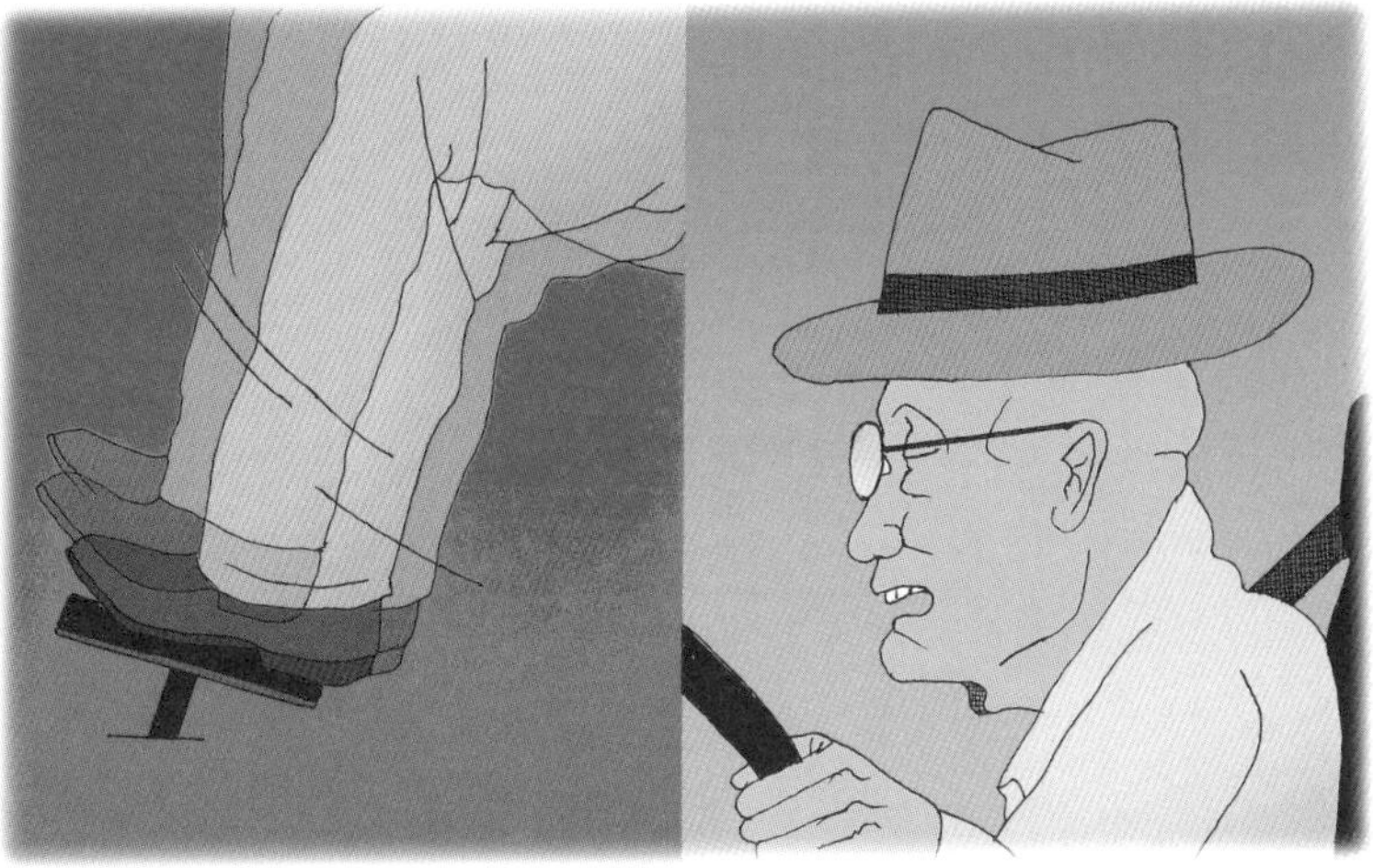

# 半世紀

このあいだ、うちを出てすぐの角を曲がろうとしたら、よく見ないで突っ込んできたクルマに危うくぶつかりそうになった。スピードから想像するに、先方は標識通り一時停止はしたと思われる。しかし、一時停止のラインは角のだいぶ手前にあるため、停止した後によく見ずに発進してしまったのだろう。さすがに我が家のそばの道ということもあって、こちらとしても想定内だったから事なきを得たのだが、びっくりしたのはそのクルマが教習所の教習車だったことだ。しかも教官は急ブレーキを踏むどころか、生徒に対して笑いかけている。何だ？　この光景は……。

最初に書いたと思うが、僕が免許を取ったのは16歳のとき、「軽免許」なんて制度がまだあった頃だ。あの頃の教習所は今とはまったく違った。僕が免許を取得する数年前、僕の親父が教習所に通い始めて2回目だかに、教官と喧嘩をしてやめて帰って来たことからもわかるとおり、高圧的だった。「若造め、絶対に許さん」と親父は真っ赤になって怒っていた。そうとう屈辱的なことをされたのだろう。それは数年後の僕のときでも同じだった。

教官の半分は態度が悪かった。教習の時間になってクルマのところに行くとたいていの教官は気付かない振りをした。コンコンと窓をノックするとうるさそうな顔をし、あごでドアを指し、「乗り込め」みたいな指示をした。当時の軽自動車はマッチ箱みたいに小さく（あれ？　マッチ箱なんて今の人は知らない？）、乗り込むとクルマの中は2人だけなのに人間だらけになって窒息しそうだった。教習は学校帰りのときが多く、学生服だったのがいけなかったんだろうか。それとも軽免許が取れるのは、近所ではもうそこしかなかったのがいけなかったんだろうか。クルマの中ではまあ、嫌なことのオンパレード。意味もなく急ブレーキを踏まれるのは当たり前。教えもせずにそれはないだろう、と今なら言えるのだが、免許を取る、ということがどれだけ庶民の夢だったのかが窺えるひとコマとも言える。夢だから我慢をしたのだ。耐えに耐え、この野郎、と思っても口答えせず、ひたすら低姿勢に振る舞った。めでたく免許が取得できたときは飛び上がるくらい嬉しく、同時にこうも思った。こんなところになんて二度と来るか！

軽自動車しか運転できない免許。この限定付きの免許が嬉しかったのは、なんたって16歳でクルマを運転できちゃうことだ。とはいえ、高校1年生がクルマを買ってもらえるわけもなく、結局免許は宝の持ち腐れ。ごくたまに友人の軽自動車を運転させてもらったり、レンタカーを借りて家族サービスをしたりする程度だから上手くなるわけもなく、いつもおっかなびっくりである。

限定解除は18歳になってすぐにやった。当然だ。これで卑屈な思いをしなくて済む、と意味なく思った。お金持ちの友人たちはこれ見よがしに親のクルマで学校に通学してきた。

学校構内にある、なぜかイタリア半島と呼ばれたスペースには、大学生たちのクルマに交じって生意気な高校生のクルマが並ぶことになった。むしろ高校生のクルマの方が大学生のクルマよりも高級車が多かったのが面白かった。そんな友人たちも軽自動車は運転させてくれたのに、普通車はなかなか運転させてくれなかった。きっと親から借りた大事なクルマだったからだろう。

そこから先はもう青春時代に突っ込んでいくわけだから、クルマなしでは考えられない世界だった。青春と言えばガールフレンドだ。ガールフレンドを隣に乗せてドライブに行ったり、お洒落なレストランに行ったり……。そんな風景も、僕は横目で見るだけ。クルマもなければガールフレンドもいない。ひどい青春時代だった、と言いたいところだけれど、青春時代のスタートなんて誰しもが同じだったはずだ。よっぽどませてたって数年の違いでしかない。でもその数年が死ぬほどうらやましかったのも事実だ。

青春時代も一応結婚という形でピリオドが打たれると、それからはあっという間だった。いつの間にか軽自動車は大きくなり、免許はＡＴ限定なるものが登場し、我が家のすぐそばにあった大きな自動車教習所も半分はなくなり、代わりに家が建ち並んでしまった。教習所には、軽の代わりに輸入車が並んだ。ところで、現代の軽自動車に乗ったことのない人なら、今の軽にはびっくりするはず。とにかく〝立派なものに乗っている感〟があるのだ。卑屈の卑の字もない。むしろリッターカーが小さく見えるのだから、時代は変わったなあ、と思う。

今の教習所はお客様をとにかく大事にするらしい。もう、急ブレーキなんてよっぽどのことがない限り踏まないそうだ。いいことなのか悪いことなのか。ま、本当の安全を学ぶのは免許を取ってからだから、良しとするか……。

自
動
学
校

## ロシア、あれこれ

ロシアのウクライナ侵攻が始まった直後から、日本〜ロシアの直行便がなくなった。それどころか、ロシア上空が飛べなくなり、ヨーロッパ便がやたら長時間のフライトになった。まあそれでも、トランジットがないぶん良しとするべきなのかもしれない。

今から二十数年前、僕はロシアのサーカスと仕事をすることになり、割合しょっちゅうモスクワを訪れた。初めてシェレメチェヴォ空港に降り立ったとき、ものすごく暗かったことと、入国審査が2か所くらいしか開いておらず、しかもやたらチンタラしていて2時間くらいかかったのには参った。

空港を出て、確かマイクロバスみたいなものに乗ってモスクワを目指した。渋滞していると1時間以上かかるけれど、空いていれば40分くらい、と言われた。異常に広く真っすぐな道と、その周りのやたら背の高い木々が印象的で、20分も走ると渋滞になった。入国で疲れていたため、マイクロバスでうとうとと眠りこけた。ふと気が付くとバスは市内に入っていたらしかったが、まったく動く気配もない。それどころか、片道4車線以上ありそうな道に6列くらいのクルマが、もうびっしりと食い込むようになっていた。車線を守るやつなんてひとりもいないのである。

これはまあヨーロッパでは割合見かけがちな光景だけれど、だだっ広い道の中でこれをやられると、ふつう4車線以上を知らない日本人としては頭がくらくらするわけである。どうやって走ったらいいんだ？　果たして目的地に着けるのか？

最初に泊まろうとしていたホテルは、数か月前になんでも銃撃があったらしい。恐ろしい話だ。アメリカの銃撃事件とはなんだか温度感が違う感じがした。アメリカは狂気。でもこちらはもっと闇が深い気がしたのだ。仕方なしに、少し高いホテルに泊まった。少し、ではない。やたら高かった。日本の倍くらい？　ちなみに当時、モスクワで寿司を食べるとひとり5万円くらいかかったそうだ。もちろん、寿司屋なんかには行かなかった。どうせまずいに決まっている。

最初の訪ロはどれくらいいたのだろう。ちょっと覚えていないが、1週間近くはいたはずだ。そのあいだに、仕事をするサーカスの連中と何度かミーティングをし、ついでにボリショイバレエも観に行った。タクシーは怖いので移動はすべてマイクロバスだ。運転手は片言の日本語ができるロシア人。今、テレビのニュースで見かける、戦闘服を着ているような、典型的なロシア人の風体だった。移動の途中で何度か警察官（だったと思う）に停められた。やりとりはまったくわからなかったが、運転手はシミだらけの汚いお札を警察官に渡し、何事もなかったかのように走り始めた。あれは何？　と聞くと、ロシアでは当たり前のことですよ、と答えた。ウソか本当か、ロシアの警察官はあのお金でやっていけるのだ、と言う。まあ、こういうやりとりも僕を暗い気持ちにさせた。それでも、帰る頃にはなんだかちょっと慣れて、これはこれでロシアらしい、と思えるようになった。

その後サーカス団が来日し、何か月も一緒にいた。ロシア人たちはやたらダンスパーティーをしてくれ、と頼むものだから、何度もダンスパーティーをやり、そのたびにロシア人女子たちと仲良くなった。ロシア人男子は割合シャイで、女子はその反対。その対比が不思議だった。男子はマインドが日本人に近いかも、なんて思った。

数年後にまたサーカスと仕事をすることになり、またまたモスクワに通うことになった。今度はイミグレーションを1時間ほどで出られ、さらにいいことには、ロシア人女子が空港までクルマで迎えに来てくれた。スタッフたちは相変わらずマイクロバスだけど、僕だけはドイツ製のSUVだ。なんでもその子の家が裕福だったらしい。ロコの運転するクルマの助手席から見るロシアは、はじめのときとはえらく違って見えた。渋滞は同じでも、その中をミズスマシのようにすいすいと行く感じがした。そして滞在中、いろいろなところに案内された。簡単に言えば観光だ。僕は観光が嫌いなのだけれど、それは言わなかった。運転は、はっきり上手かった。モスクワで運転ができる人間は世界中どこでも上手いに違いない。

彼女にお願いをして、赤の広場のそばの地下のショッピングアーケードに連れて行ってもらった。何を買ったか覚えていないが、カードを店に置き忘れてホテルに戻ってしまった。1時間後くらいに気付いて、慌ててマイクロバスで向かった。絶対にないだろうと思ったカードは、ちゃんとお店がとって置いてくれた。賄賂がある反面こんなところもある。我々はロシアのことを、もっとちゃんと知るべきかもしれない。

# 夢のゴールド免許

そろそろ運転免許更新の時期ですよ……とマネージャーが言う。あれ？　ハガキが来ているはずなのに見ていないぞ。まさか、また誰かに（と言っても決まっているのだが）捨てられてしまったのではないだろうか……と、疑ってしまうのは年寄りの悪い癖である。それにしても山のように積まれたハガキ、封書の類いを見る気がしなくなってどれくらいが経つのだろう。大事なものもあるはずなのになんだか見たくない。が、仕方なしに一つひとつ見ていってついに「運転免許証更新のお知らせ」なる一枚を見つけた。どきどきしながら接着された部分を開いていく。もしやゴールド……という気持ちがあるからだ。そして今回もそんな気持ちは一瞬で吹き飛ばされた。講習区分は違反。なんだよ、これ？　……墨汁のような黒いものが体の中を駆け巡る。違反……。なんて嫌な言葉なんだろう。今回も2時間の講習を受けさせられる羽目になる。いきなり憂鬱《ゆううつ》になった。

最後の違反は覚えている。あれは成城のケーキ屋に行った帰り。世田谷通りがやたら混んでいたのである。参ったなあ、と思いながらふと右を見ると、川沿いの細い道の入口に時間制限の進入禁止の標識があった。今は朝ではないから大丈夫。道の先の方にパトカーが停まっているのは見えたが、そのまま右折をして進入していったところで、パトカーから警察官が降りてきた。なんだろう、この先で事故でもあったのかな、と思って窓を開けると「運転手さん、違反したのわかりますか？」

などと言う。「時間制限なら、今は大丈夫ですよね」と言うと「右折禁止だったの知りませんでした？」とぬかす。「えっ？　どこに？」「何なら一緒に見に行きますか？」と言われたけれど、どうせどこかにあるに違いないから断って、泣く泣く青い紙をもらった。後日、確認しに行ったら確かに右折禁止のマークは道路の真上にデカデカとある。しかし、それは細い道の入口よりだいぶ手前だ。流れていれば見逃すことはなかったろうけれど、渋滞していたからなあ……パトカーがあんなところに停まっていたのもなあ……と悔やまれることばかり。まあ、得てして僕の違反はこのようなケースが多い。それにしてもそれが平成30年3月だったのが意外だった。もっと前だったと思ったのに……。実を言えば、前回の更新のときもギリギリで違反区分だった。あのときは最終違反から5年以上は経っていたはずで、更新時期もあと2か月あたりだったろうか。逗子《ずし》の親父の具合が悪くなった、と、おふくろから電話があり仕方なしにクルマで出かけたときだった。100円を有料道路の料金所で支払って50メートルも行かないところで警察官が飛び出してきた。「スピード違反です」と言われて、ウソだろう？　と思った。料金所を出てすぐである。加速したってスピードがそんなに出るはずもない。ところがそこは30キロだか40キロ制限で、50キロ以上出ていたらしい。もちろん、それを訴えた。もう一度確認してくれ、と。でも、最後に言った一言がいけなかった。

「親父の具合が悪くて……」

「ああ、捕まるとみんなそう言うんですわ」とにこやかな微笑みを浮かべた警察官。しまった、みんなそういう言い訳をするのか、と思ってもときすでに遅し。思い出すとまたイライラしてくるのでここまでにするが、とにかくゴールド免許をすんでのところで逃した一瞬だった。

さて、試験場は鮫洲《さめず》か府中か。たぶん僕は府中に行くことになると思う。なんとなく広くて駐車も楽だ。しかし、ここでは自分はどの区分に属するのだろう、といつも思う。つまり芸能人区分なのか、文化人区分なのか、いや、一般人区分なのか。それは意識しすぎってものだろう、とも思うのだが、たまに声をかけられると妙に変な気持ちになるのだ。特に僕の場合、違反を背負っての入場になるわけで、気がひけること著しい。あら、たまにテレビで見てましたけど、あなたも同類なのですね……。今年は正々堂々とマスクをしていられるから多少楽だろうとは思うが、視力検査などが終わったあとの、講義までの待ち時間とか、免許証が発給されるまでの待ち時間とか、こそこそしてしまう自分が情けない。

過去に2度ほどゴールド免許だった時期がある。更新は近くの警察署でのほんの短い時間で済んだ。あまりの簡単さに最初はびっくりした。しかし2度目ともなると気分は違った。あの警察署に入っていくときの晴れ晴れとした気持ち。これ以上ないくらいの優越感に浸れる時間。ゴールドとはこんなに気持ちいいものなのか。みんなに見てもらいたい、と思ったものだ。

さあ、そんなことをうだうだ言っていても始まらない。仕方ないから違反区分人間は試験場に行って来るか……。

運転免許証
優良

# バージョンアップ！

僕は子供の頃から新しもの好きである。クラシックには興味ない、と言うと言い過ぎだが、とにかく新しいものが好き。新しいものが見せてくれる未来が好きである。当然、クルマは電気自動車である。それも6年ほど前から。

電気自動車はいい。なにしろ静かだ。そして変速機がないからウルトラスムーズ。スーッと音もなく動き始め、スーッと音もなく停まる。いかに内燃機関、つまりエンジン車がやかましく、しかもギクシャクしていたかが電気自動車に乗るとわかる。おっと、それはハイブリッド車に乗ったことのある人なら経験済みだった。ただし、ハイブリッドとは違って最後までエンジンはかからないから、高速道路ではまるで宇宙船だ、と言っておこう。

さらに言えば、200Vの電源を自宅に引けば、夜間電力を使って朝には毎日満タン、ということになる。これは気分がいい。なにしろガソリンスタンドに寄らずに済むのである。タイヤの空気圧は自分で測らなければならないし、窓だって自分で拭かなければならないが、それは仕方ないか。

僕のクルマにはカタログで言うところの「自動運転」というオプションが付いている。この言葉は日本ではまだ使っちゃいけないことになっているが、なぜだかアメリカ製のこのクルマのカタログはそう謳っている。実際にホームページ上の動画では、目的地を打ち込むと、まるできょろきょろと辺りを見回すようにして発進をし、一時停止の標識を読み込んで一旦停止をし、安全を確認すると再び動き出す、もちろん信号機があればちゃんと読み取って指示に従う、最後には目的地の駐車場に空きのスペースを見つけて駐車する、このクルマと同型の姿がある。たぶん、やれと言えば僕のクルマでもできるようになっているのだろう。まだ法規が整わない今はそれにロックがかかっている状態であると思われる。自動運転レベル2と言われる今の状態では、ほぼ自動に近くてもハンドルから手を離せばクルマに怒られるし、何度も繰り返しているとクルマがストライキを起こし、全手動にさせられてしまう。おいおい、そんなに怒らなくてもいいだろう、なんて言っても頑固者のこいつは、暫《しばら》くは口を利いてくれなくなる。まったく……。

3Gの通信システムを持つこれは、なにかと通信をする。走行データは全部シリコンバレーの本社に送られているそうで、つまりどこをほっつき歩いていたかはすぐにバレるらしい。それが嫌なら走行データの送信を解除すればいいようだが、操作が奥の階層にあって面倒らしい。ま、いいや。シリコンバレーのやつに知られたって、かみさんにさえ知られなきゃいいだけの話だ。

それよりも面白いのは割合頻繁に新しいソフトウェアが配信されることで、インストールすると乗り心地が変わったり、スタートダッシュができるようになったり、細かいところで言えば、メーター表示が変わったり、まあバリエーションの豊富なこと。飽きることがない。新しいソフトウェアのお知らせはセンターコンソールのモニター上に表示されるからすぐにわかる。ダウンロードは通常10分程度。長くても1時間かかることはなかったように思う。間違いなくこれからのクルマは、これと同じようにソフトウェアをバージョンアップできるようになっていくだろう。ついこのあいだ、ゲームソフトの案内が来たが、クルマの中でゲームなんてやるのか？　とちょっと呆れた。でも、そんな時代はすぐにやって来るのかもしれない。

ご存じない方もいらっしゃるかもしれないけれど、僕はこれでもクルマの仕事を40年近くやっている。新しもの好きゆえに、自動運転に関してもずいぶん前からいろいろなことを夢想していた。最終的には高速道路限定で自動運転は許可されるのだろうな、とつい最近まで思っていたのだが、考え方が変わった。こりゃあ一般道でも自動運転になる、と。

急に一般道での自動運転車両のイメージができたのだ。みなさん、自動運転は楽でいい、と思うでしょ？　でもどうかな？　やたらきっちりと速度を維持し、危なくなると停止をし、完全に安全とわかってから再び発進をするのだ。実地試験中の教習車両に乗せられている、と思えばいい。あればかりになるのだから路上は教習所と化すわけだ。「おい、もう少しスムーズに流れたらどうなんだ？」「そんなに長く停止しなくても見れば安全なのがわかるだろう」なんて手動運転のドライバーたちの声が聞こえてくる。まあでも、それも最初のうちだけだろう。そのうち自動率が高まってくれば、せっかちなドライバーたちも諦めるというか、別のフェーズに入っていくのだろう。それこそが人間のバージョンアップができた証しなのである。

# クルマは女性か男性か

たまにクルマを女性に例えるような記事を目にする。ステアリングはデリケートに操作し、ボディは優しく磨き、等々。ま、気持ちはわからないでもないが、ちょっと違うだろ、とも思う。その女性は君の500倍は力持ちだし、最低でも10倍は重い。姿を想像するとそうとう怖い。尻に敷かれたら完全に圧死する。では男性なのか。……これもそうとう複雑で、なんだかクルマに乗るのが億劫になりそうだ。いやクルマはクルマでいいじゃないか、というのは簡単だ。でも僕の知っている限り、何人もの女性がクルマに○○子、みたいなニックネームを付けている。つまりクルマはどこか彼女たちにとって生き物にも近い存在なのではないか。

現にマイカーを下取りしたり、売却したり、去って行く自分のクルマの後ろ姿になにやら郷愁を覚えたり、下手したら涙したりすることだってある。少なくとも僕にはあった。俺が間違っていた。戻って来てくれ。またやり直そう。なんて、何度思ったことか。

クルマを持つことは結婚に似ているのか？　確かに多少似ているような気もする。

クルマと暮らすとき、クルマはいろいろな表情を見せる。決してひとつではない。クルマはクルマ、機械なんだから同じに決まっている、と決めつける人は、今一度自分の気分というものについて考えてみてはどうか。接するこちらの気分が違えば、反応も違って感じられるはず。同じはず、というのは単なる幻想だ。

子供の頃の話になるが、僕は外国人、特に欧米の女性と結婚をするぞ、と心に決めていた。親の影響もあるのだと思う。バレエの中継を見ては「まあ、綺麗！」とか「外国の女性はやっぱり違うわね！」とか刷り込まれたのもあるが、それにも増して毎日のようにテレビから流れていた、アメリカのホームドラマに登場する女優がやたら綺麗だったからだ。子供がそういう未来を想像しても仕方あるまい。英語もしゃべれない子供がどうやってそんな外国人とコミュニケーションを取るのか、なんてどうでも良かったのである。綺麗なら何でもOK。あとは自分がなんとか努力をする……くらいに思っていたのだろう。

時が経ち、実際に女の子と付き合うようになると、この価値観はいったんどこかの棚の上に置いて、袋をかけてしまってしまった気がする。現実の女の子は実に厄介なものだった。付き合うにはやたら気を使い、振り回され、怒られ、そして挙げ句の果てには捨てられる……。

まるで嵐だ。どこかにつかまっていないと吹き飛ばされてしまう。それでも、ニコッとされるとそれまでの嫌なことすべてがなかったことのようになってしまう自分。これが恋愛というものなのか。何十年も経ってあの頃を振り返るたびに実に苦しい気持ちになる。どんなに体が言うことを聞かなくなっても今の方がマシ、あの頃にだけは戻りたくない、と思う。

そんなときに棚の上に埃《ほこり》をかぶって置いてあったあの価値観を思い出すのである。現実と理想。果たしてそれらは大きく違うものだったのだろうか、と。いつも魅力的なブラウン管（古い言葉だ）

の中の彼女たち。それにひきかえ、ひどく傷つくようなことを平気で吐き出した現実の彼女たち。

頭の中を3Dスキャンするみたいに注意深く観察すると、理想の方はひどく平板なものであることに気付く。あまりに情報量が少ないから理想は理想で置いておけるのである。それにひきかえ現実の方はもう複雑怪奇。どれが本当の彼女なんだかまったくわからない。つまり思い出す顔がいろいろありすぎてわからない。

ふと、映画やテレビに出ている人たちを、この現実に当てはめて見てみよう、と思った。ほぼ全員、怒ることは日常的にあるはず。怒ったとき、テレビや映画の中では決して見せない顔をするはず。それとともに立ち上るなんとも嫌な空気。ああ、嫌だ。この場を早く立ち去りたい、なんて思うんだろうな。もちろん人それぞれ、嫌なムードの出し方は違うはず。言葉も発火点も、細かいことを言えばだらしない点もみんな違う。なんだよ、綺麗でいてさえくれれば自分が努力するはずだったんじゃないのか？ そして、あるとき気付くのだ。この嫌なムードの原因は半分自分にあるのだ、と。結婚離婚を繰り返す友人に、面と向かっては言えないが、このフレーズはピタリと当てはまる気がする。

ではどうすればいいのか。今年70歳になる僕が教えてあげよう。それは全部ひっくるめて好きになること。嫌いなことは素早く忘れることだ。そしてそれはクルマも同じ。好きと思うときもあれば、もう嫌だ、と思うこともある。そういう意味ではクルマを持つことは、やっぱり小さな結婚なのかもしれない。

# 死ぬ前に乗るクルマ

死ぬ前に何を食べたいか……。食いしん坊の間でしばしば語られるこの話題。僕の周りに限って言えば「お寿司」が圧倒的に多い。ついで「お母さんの握ったおにぎり」「味噌汁」と続き、あとはばらばら。このあいだラジオのゲストに来た食通の人は「おすまし」と答えた。それにしても和食ばかりではないか。僕は「カレー」と答えたいのだが、これだって洋食と言っていいのかどうか甚だ疑問である。

だけど待てよ、と思う。死ぬ前ってまともに食えるものなのか？　弱って嚥下《えんげ》すらできないのではないのか？　結局、何か月だか何週間か前に食べたものが最後の食事だった、そしてあれはリンゴをひとかじりだった、なんて言いながら死んでいくのが普通なのではないか？

冗談じゃない、そんなの嫌だ。あまりに寂しすぎる……と食いしん坊は考えるのだ。だから、明日地球がなくなっちゃうとして、などとこじつけながら直前に食べるものを考える。ま、食は動物最大の営みであるから、これはこれで健全な発想であるとも言える。

さて、僕は今年で70歳を迎える。困ったぞ。70歳にして、まだこんなことを考えている自分。問題は、頭の中が（何度も言うが）10代から発達していないことである。つまり、外見はじいさん、しかし中身はガキ、というまことに始末が悪い状態にあるのだ。多少は人とのコミュニケーションがマシになったとはいえ、食に執着し、たまには女子にもモテたいと考え、いまだにエッチな事も考える。これが70歳の実態なのか？　と自分で唖然としてしまう。こうなる、と若い頃にわかっていたのなら、もう少しマシな生き方をしていたかもしれないな。ああ、やり直したい。いや、やり直したくはない。少し修正をしたい、というのが70歳を前にした自分の本音である。

今回の「死ぬ前に乗るクルマ」は僕にとってリアルな問題だ。いや、死ぬ前に乗るクルマだと救急車だったりするかもしれないから、「死ぬ前に所有していたいクルマ」ということにしよう。クルマ好きの間ではしばしば語られるこの話題。ま、食べ物と一緒である。とはいえ大きな違いもある。食べ物が基本、毎日違うものであるのに対して、クルマは毎日買い替えなんかできないから。僕なんか、今所有しているクルマが人生最後のクルマになるかもしれない、なんてマジで思うわけだ。そりゃそうだ。（これも毎回言っているが）70歳といえばいつ死んでもおかしくない年齢である。そして心の中の悪魔が囁く。それでいいの？　もっといいクルマがあるんじゃないの？　さらに参ったことに、近い将来エンジンはなくなる、というではないか。子供の頃、排気ガスの臭いにすら興奮していた世代としては、最後のエンジン車とともに人生を締めくくりたい、などとも思うし、いや、時代に合わせてエコなEVでかっこいい幕引きをしたい、などとも思ってしまう。本音をとるか、体裁をとるか。まさに50対50。日々頭の中は変化し続ける。

スポーツカーに乗るのなら、今が多分最後のチャンスであることは間違いない。反応の悪くなったこの歳では、すでに遅すぎるくらいだ。たまに20代のときに首都高速で見かけたポルシェの老夫婦のことを思い出すのだけれど、歳をとってのポルシェは尊敬すべきことだな、と今さらながらに思う。それだけの体力と、反射神経を持ち合わせていたということなのだから。果たしてこれからさらに衰えていく体と反射神経を考え合わせて、最後のクルマがスポーツカーというのは大丈夫なのか……。大丈夫じゃなくても買っちゃえ、と再び悪魔が囁く。どうせ買うならオープンかつ、MTでできるだけライトウエイトなものが楽しいぞ……。

いやいや、自分が弱っていくのと脱炭素時代は微妙な時間関係にあるから、ここは万が一長生きしてしまったときのために賢い選択をするべきだ、と天使が囁く。だって1年でも長くクルマに乗り続けたいではないか。

モータージャーナリストの草分け的存在でもあった故小林彰太郎さんの最後のクルマはランチア・ムーザだったと記憶している。名前こそ通な響きだが、まあイタリアではフォルクスワーゲン・ゴルフクラスの普通の小型車だ。そしてやはり大御所だった故徳大寺有恒さんの最後のクルマはゴルフだった。あんなに最後に乗るクルマについて語り合った二人なのに、現実には普通だったな、と当時は思ったものだ。なんだかんだ言っても夢は夢。現実は現実なのかもしれない。最後はスーパーカーで、なんていうのは嚥下もできなくなった体にフレンチのフルコースを与えるみたいなものなのだろう。苦痛、というよりは無理だ。

人生の幕の引き方は実に難しい。そしてこれからは刻一刻現実味を帯びてくるだろうし、刻一刻変化していくだろう。それでも無駄な抵抗をし続けるのが食いしん坊であり、クルマ好きなのだと思う。

写真＝藤井 拓

変わらないね、と言われますが、それは髪の毛を染めているせい。あとはファッションのせいかも。痛い、と言われても今どきなのが好き。

特別付録

# 僕の自動車回顧録

これまで所有した数十台の中から
本編に登場したクルマを中心に選んだ
9台のクルマにまつわる、
思い出の記録。

# 思い出のまま残しておきたい大切な一台

## トヨタ・カローラスプリンター1200SL（1969年頃購入）

やはり最初に思い浮かぶクルマは、僕が、いや我が家が初めて所有したクルマということになるのだろう。それがトヨタ・カローラスプリンター1200SL。真っ白で内装は黒。ビニールで編んだようになっているシートは、夏、ちょっとでも外に停めておくと飛び上がるくらい熱くなり、半ズボンでは怖くて乗れなかった。もちろんクーラーなどという洒落たものは付いていなかったから汗だらだら。乗るといつも疲れた、という思い出がある。

今思えば、低回転でトルクが細く、しかもそれがクラッチの繋がるあたりときているから、すぐにエンストした。他人が乗ると百発百中でエンストした。それもあってか、なるべく他人には運転させないようにしていたと思う。

もう一度乗ってみたいとは思うが、今乗るとがっかりするのも目に見えている。あのときの記憶はあのときのまま止まっており、更新はされていない。つまり、けっこうしっかりしたクルマだった記憶のままなのである。今乗ると、間違いなくユルユルで線が細く、真っすぐに走らないクルマ、という印象に塗り代わるのだろう。ま、思い出だけに生きていてもらう方がお互い幸せなのかもしれない。

あのクルマは、当時の僕にとって特別なものだった。そりゃそうだ。気が向けば深夜にだってどこにでも行ける。行動半径が100倍増えた。クルマさえあればデートだって簡単。もちろん、苦い思い出だってある。青春だなあ。

そういえば、どのくらいこのクルマが大事だったか、というエピソードがある。それはある深夜、母屋とはちょっと離れた簡易ガレージの方からカリカリカリ……という音がしたのだ。何だろう、と思ってベッドから起きだし、サンダルをつっかけ、ちょっとした恐怖感に背中をぞくぞくさせながら音の方に歩いて行くと、クルマと同じくらいの大きさの

全高がカローラより35ミリ低いスポーティな雰囲気が特徴のクーペ。
70年の2代目モデルからは「スプリンター」として独立した車種になった。

化け猫が僕のカローラを食っている。ギョッとしたその瞬間、猫と目が合って……。夢占いだとこれはどういう心理状態なのだろう。あれから55年近くになるが、永久磁石のように頭にこびり付いてしまった夢である。

トランクルームを持つクーペスタイルで、実用性と流れるような美しいリアビューを両立した。ファミリーセダンであるカローラよりも若年層を狙ったスプリンターのコンセプトが後ろ姿にもしっかり表現されている。

# 凹んだボディの中央フリーウェイ送迎車

## トヨタ・コロナマークII 1900GSL（1972年頃購入）

これは僕の、いや、また間違えた、我が家の2台目のクルマである。本人としては当時流行りだったスカGが欲しかったのだが、ディーラーのスタッフの対応があまりよろしくなかったらしく、親にトヨタにしろ、と言われたのだった。本編にも書いたが、たぶん売れ残りのクルマだった。うんこ色のクルマなんて、当時は絶対に人気がなかったはずだ。そういう僕も、色に関しては全然ときめかなかった。今なら、ちょっと好きと言えるかもしれないが……。売れ残り故に少しディスカウントしてもらえたのかもしれないが、今や両親ともにこの世にいないのでわからない。なぜ買い替えに至ったかといえば、定かではないが2つほど理由が考えられる。ひとつは親の送迎もする約束だったので、親にとってクーラーがなかったのは大きかったのではないか、もうひとつは母親がこの直後に免許を取得することになるので、マニュアルではなくオートマチックが良かったのではないか、ということだ。

まあどっちにしろ、僕の青春まっただ中はこのクルマと共にあった。どこに行くのもこのクルマ。母親が事故でぶつけても、凹んだまま毎日乗った。クルマがないなんて一日だって許せなかったのだ。クーラー付きのクルマは快適だった。夏の疲れは半分以下になった。もちろんオートマチックは渋滞もなんのその。ここらへんから僕は、クルマは安楽であるべき、という主義へとシフトしていったように思う。

中央フリーウェイを使って八王子に住む彼女を送り迎えした。ちなみに中央高速はハイウェイではあるがフリーではない。有料だ。だからフリーウェイと言うのは変じゃないか、という議論が当時あった。でもあれは歌だ。中央ハイウェイ〜〜、というよりも中央フリーウェイ〜〜、という響きの良さを彼女はとった。フィクションでもいいじゃない、と言いながら。

コロナの高性能版として登場。購入したのはマイナーチェンジで採用された
イーグルマスク（写真）と呼ばれるグリルを装着したモデルだった。

3本スポークステアリングの向こう側には、回転計、水温計、
速度計の丸型三連メーターを装備しており、運転席回りは
スポーティな雰囲気でまとめられている。三角窓の採用、
4速マニュアルなどが時代を感じさせる。

# 初めての左ハンドルは独立の証しだった

## アウディ100GL（1975年頃購入）

僕の初めての外国車。それがこんな地味なクルマになるなんて、子供の頃には想像もしていなかった。とはいえ、本編にも書いたが、お世話になっていたレコード制作会社の親会社が自動車輸入販売会社だったので、ある意味必然だったとも言える。

そういえば、このクルマ、僕が親のスポンサードから離れることができた初めてのクルマだった。初めてで言うなら、初めての左ハンドル。これが案外なかなか慣れなくて怖かった記憶もある。初めてのアメリカの右側通行と、初めての左ハンドルはどちらが怖かったか、と言われれば、初めての左ハンドルの方だったかもしれない。

それはともかく、僕にとっては4台目のクルマ。カローラ、マークII、もう一台マークIIときて、これだった。最後のマークIIがけっこう至れり尽くせりだったせいか、このアウディのステアリングを握った瞬間、ずいぶん古くさいものに接した気がした。エンジンの振動はけっこうあるし、路面を舐めるように走ったマークIIとは反対に、路面をざらざら言わせながら走った。マークIIが機械であることを隠すようなクルマだったとするなら、こいつは機械むき出しと言っても構わないだろう。点検の際にはタペット調整などという面倒な作業も必要になった。でも当時の国産車との大きな違いは、その作りの大きさだろうか。シートは明らかにでかいドイツ人を基準に考えているようで、やたら大きく、そして硬く、ステアリングは重く、いや、どこもかしこも渋く、でもそれゆえになんだか信頼が置けそうな感覚があった。

ターコイズのような色は由実さんが選んだ。派手だ、なんて言われもしたが、元が地味なクルマなだけに、バランスは良かったようにも思う。今や国産も輸入車も、目をつぶって乗るとわからないくらい近いものになってしまったが、この時代はまだまだ大きな違いがあったんだなあ、とつくづく思う。

同シリーズの初代モデルで約80万台を生産したヒット作。FF方式採用のミドルセダンで、4ドア＆2ドアセダンのほか、クーペもラインナップ。

メッキパーツを多用し、優雅な雰囲気を醸し出すリアビュー。フォルクスワーゲンの子会社となり、独自の新型車開発が禁止されたなかでの誕生だった。

# 引っ越しを決断させた悲運のメルセデス

## メルセデス・ベンツ280SE(1977年頃購入)

憧れのメルセデス・ベンツを買ったのは結婚した翌年。アウディのときはカルチャーショックの方が大きかったが、今度はなんというか、メーカーの歴史の重みというか、そんなものをズシンと感じた。乗り込んでもそんな感じがしたのは、もちろん動きが堂々としたものであったこともあるのだけれど、匂いも他のクルマとは全然違うものだったからかもしれない。

その頃の新居は青梅《おうめ》街道沿いのマンションの11階だったか。駐車場は青梅街道を挟んだ向こう側にあって、ダイニングルームの窓からよく見えた。僕は暇さえあれば窓から遠くのメルセデスを眺めていた。もちろん、時間があればクルマのところに行って、意味もなく運転席に座ったりした。

野天駐車場で、埃が付くのが嫌で、ボディカバーを買った。買ったのはいいけれど、ボディカバーはなかなか面倒な代物で、埃が付いたままボディカバーを掛けると傷が付くという。つまり、ボディカバーを掛けたいときには自分で洗車をしてから掛けるように言われた。それでも洗車は僕にとって至福の時間。クルマをさすりながら、なんて幸せなんだろう、と毎回のように思った。

駐車場のスペースは15台くらい停められる大きさだったから、まあまあ広かった。僕の左隣は一般の人。右隣は駐車場の横にある小さな不動産屋の営業車だった。

ある日ボディカバーを外して驚いた。メルセデスの右後ろのドアが思い切りベコッと凹んでいる。どう考えてもクルマで突っ込まない限りできないほどの大きな凹みだった。しかもそれはバンパーの高さにできていたから、犯人はクルマである。そして、前日にそれはなかったから駐車場に停めているあいだにできたに違いなかった。

隣の営業車はいなかった。ボディカバーに付着している白い塗料は間違いなく隣の営業車のものだろう。僕は毅然とした態度で、隣

半世紀にわたりメルセデスの最上級サルーンであり続けるSクラスの初代。
発売時は6気筒の280S/SEと8気筒の350SE（写真）をラインナップ。

の不動産屋に行き、アルミサッシのドアを開けると、事務らしい女性が一瞬僕を見て見ぬ振りをした（気がした）。

「すみません、お宅の隣に停めているクルマなんですが、ぶつけられているんです」

こう言いながら、自分はなんだかやたら間抜けな気がした。そんなものしらばっくれられるに決まっているではないか。案の定、ものすごく怪訝な顔をされた挙げ句、何か証拠でもあるのか、と言われた。ないよなあ。防犯カメラなんてあるわけないものなあ。結局、不条理極まりない気持ちになって戻った。僕にできることと言えば、不動産屋、潰れてしまえ、と呪うことだけ。それすらバカらしい気持ちになった。

そして、それが引き金になって、別の一軒家に引っ越すことに決めたのだった。水色のメルセデスにできた大きな凹み。本当に痛々しかった。もしかしたら、かわいそうすぎて思い出し泣きしたかもしれない。

# 大の男がこの一台で子供に戻れた

## メルセデス・ベンツ500SEL（1980年頃購入）

初めてのメルセデスは今思い出してもいいクルマだった。メルセデス・ベンツはこうあるべき、というのを体現したようなクルマだ。とはいえ、２８０ＳＥに欠点があるとすれば、それはのろまだったことだ。立派なのに遅い。下手をすれば信号でタクシーにさえ置いて行かれる始末。本編に書いたかもしれないが、僕の初めてのメルセデス体験は、音楽出版社社長のＭさんの６・３リッターのベンツだったから、そりゃあもう雲泥の差だ。

うーん……と夢を見ているうちにモデルチェンジがあり、そして登場したのが５００というグレードだった。本国では、６・３リッターの後継みたいなアナウンスがあったらしい。これしかない、と密かに思った。

ただし、正規輸入されるのはその下の３８０というグレードまで。つまり５００を手に入れるには、当時乱立し始めていた並行輸入屋に頼るしか方法はなかったのだ。これまた本編に書いたかもしれないが、当時の並行輸入屋は、それはもう横柄で、どっちが客なのかわからないような感じ。クルマを売ってもらうために差し入れを持って通う客もいたそうだ。それはともかく、まだましな店を見つけ、そして手に入れたのがこれだった。

並行輸入車はどんなオプションが付いているかまちまち。僕のメルセデスには、シトロエンと同じ方法の車高調整装置、それから２種類の違う音のするホーンなんかが付いていた。いやあ、自分的にはこれが最終地点かなあ、みたいな気分になった。もちろん上にはまだまだいろいろなクルマがあるけれど、素人の到達地点としては富士山の頂上に辿り着いた感じかもしれない。

10年くらいは乗った気がする。80年が始まった頃から90年をちょっと過ぎた頃まで。初めてのメルセデスに比べると少しスリムで、鉄板も薄い感じで、走るとボンネットがわなわなと揺れるのがわかった。ま、でも速かった。今度はちょっとしたスポーツカーでも敵

80〜90年代に活躍したデザイナー、ブルーノ・サッコの手による2代目Sクラス。
「サッコ・プレート」と呼ばれるボディサイドの樹脂板が特徴。

わないくらいのダッシュを決めてみせた。こんなでかいクルマがすごいダッシュをするのは痛快で、何度もダッシュして、そのたびに自分の幼稚さにちょっとだけ後ろめたさを感じた。

紺の500SEL。実は80年代後半になるとテレビでよく見るようになった。「あれ？俺のクルマがこんなにたくさん！」と思うくらい。たぶんその界隈で最も売れたクルマだったはずだ。誰かと間違えられて撃たれたらたまらん、と、だんだん乗らなくなったことを覚えている。

# 街で見かけないのには理由がある

## アルファロメオ・アルファスッド1500ti（1982年頃購入）

偉そうなクルマに偉そうに乗る自分に嫌気が差してきた、というか、そんなカーライフの何が楽しいのだろう、と思い始め、一念発起で手に入れたクルマだった。

本編に書いたかどうか忘れたが、当時故障が多いので誰も買わないようなブランドだった。従って、街で見かけることはほぼゼロ。比較されることもない。こういう優越感もあるのだ、と気が付いた。

噂通り、手に入れてみると（実は手に入れる前から）故障は多かった。故障するのは当たり前だろう、というくらい雑な作りで、まあ、これもひとつのカーライフなんだから楽しもう、と自分に言い聞かせていたことを思い出す。

自動車雑誌にハンドリングが楽しい、などと書かれていたのを真に受けて、箱根にしょっちゅう走りに行った。マニュアルだから楽しいと言えば楽しいが、決して速くはなかった。あるときサイドブレーキの利きが悪かったので調整してもらってから、その足で箱根に行った。たいていのクルマは、サイドブレーキとフットブレーキは別なのだが、これは合理的に同じもの。調整して利くようになったのはいいけれど、実はフットブレーキを常時引きずってもいたのだ。そのため、峠道でベーパーロック（摩擦熱などでブレーキ液が沸騰して気泡が発生、ふわふわした気泡によってブレーキパッドを押さえつける力が伝わらずブレーキが利かなくなる現象）を起こし、なんとか事故は起こさずに停まれたのだが、動かすのも怖くなり、メカニックに救助の電話をして、峠の茶屋で待った。2時間くらい待っただろうか。峠の茶屋のおじさんは、とっくに店じまいするところを、救助が来るまで一緒に待ってあげるよ、なんて言って優しくしてくれた。

ダメなクルマに乗っていると、案外人って優しいんだな、なんて思えて、これはこれで貴重な経験だった気がする。

スッド＝南を意味する名の通り、イタリア南部で生産された水平対向4気筒を搭載する小型車。写真のtiは73年に追加された前期型の高性能版。

2ドアだけでなく4ドアのベルリーナ（セダン）もラインナップしていたアルファスッド。ベルリーナ系には落ち着いたイメージの角型ヘッドライトが備わっていた。

# クセの強さは自動車界のパクチーか

## ポルシェ911SCタルガ（1983年頃購入）

今や誰でも知っているポルシェ。でも僕が子供の頃はそんなに有名ではなかった。まあ終戦後、割合すぐの時代にポルシェを持ち込むアメリカ人なんてそんなにいなかったからだろう。それでもごくたまに見かけた。なんだか暗いイメージがあった。全体に小ぶりで丸っこく、窓は小さく、見ているだけで閉所恐怖症になりそうだった。あれは911になる前の356というモデルだ。それ以来、あまり興味は持てないでいた。911になってがらりと変わっても、どこかあの暗いイメージを引きずっていたからだと思う。

興味が持てないものが一転、興味のあるものに変わる瞬間というのがあると思う。音楽でも、服でも、食べ物でも。食べ物で言えば、はっきりと覚えているのが、大嫌いだったはずのアスパラガスの缶詰が大好きになった瞬間、とか、あとはパクチーかな。嫌いなものイコール永久に好きになれないものとは違う、と経験は教えてくれる。

ポルシェが突然好きになった理由も、実は言語化不可能なのだが、強いて言うなら、ちょっと身近に感じられた瞬間が複数回あったからなのかもしれない。そして最後は中古車屋からの電話だ。「おい、ポルシェの中古があるから買わないか？」。威張っていたなあ、あの中古車屋のおやじ。それでも見に行ってしまうのがクルマ好きの性《さが》。結局ずるずるとそのまま買うことになってしまった。整備もちゃんとされていないポルシェ。250万円くらいだった記憶がある。はじめは調子が悪かったせいもあるが、もう手に負えない、すぐに返却しようと思った。ところが、人の紹介で整備工場に入れてみたら、あら不思議、ずっと人の言うことを聞くようなクルマになっていた。それでもまだどこか野生馬みたいなところもあり、征服欲というのか、自分がクルマに近づいていくたびに歓びを感じるようになっていった。なんでもない普通の路面の轍《わだち》にステアリングは激しく反応し、突き指も

78年モデルから911とカレラが911SC（スーパーカレラ）となった。
購入したのは爽快なオープンドライブと安全性を両立したタルガだった。

5連メーター（左から燃料／油量計、油温／油圧計、回転計、速度計、時計）が備わるインパネ。機能的でシンプルなデザインがポルシェらしい。

何回か経験した。ステアリングで突き指なんて、今は誰も信用してくれないだろう。普通の人には乗れない、第一、価値がわかるわけない、という気持ちがどこか優越感となって、僕は虜《とりこ》にされていったのだろうと思う。

　現代のポルシェは従順そのものだ。この時代のポルシェが狼だとするなら、今のポルシェはマルチーズ……いや、ゴールデンレトリバーくらいにしておこう。

# 得体のしれない不気味なクルマ

## ランドローバー・レンジローバー（1985年頃購入）

生まれて初めてレンジローバーを見たのは神戸の新幹線の駅を降りたところだ、と勝手に思い込んでいる。あのタクシーの乗降口のあたりだ。色までは覚えていないが、得体の知れない不気味なクルマだった。やたら背の高い乗用車のようでもあり、ワゴンのようでもあり、そのくせジープのような雰囲気も持っていた。人間は自分の中でカテゴライズできなくなると混乱をするものらしい。その印象が強烈だったせいか、ずっと頭の中で永久磁石のように消えない思い出になった。

レンジローバーというクルマだ、ということがわかったのは、それから暫《しばら》くしてからのこと。それにしても、あれはいつ頃だったのだろう。70年代初めだったことは間違いない。もう一度あの気持ち悪いものを見たい、と思い続けた。日本中で知っている人はごく僅かな時代。それから10年ほど。まだ日本で知っている人は僅かなままだったはずだ。ひょんな事から知り合いの知り合いが持っていて売ってもいいと言っている、と聞いた。

はいっ！　と手を挙げた。そうしたら本当にそのクルマが来ることになった。まるでまったく知らないところからお嫁さんが来てしまうような気がした。どこだろう。ロシア？　ウズベキスタン？　いや、もっと知らない国だ。いったいメンテナンスはどうすればいいのだろう。不安なことばかりだった。

こうしてアマガエル色の初代レンジローバーが家にやってきた。いやあ、何とも言えないこの気分。さっそくかみさんを乗せて家の周りを一周してみることにした。

運転席に座った感じはまるでバス。それよりもガラス面積の広いことと言ったら……。サイドウィンドウはまるで腰のあたりまで丸見えじゃないか。そして、クラッチペダルの重いこと。走り出すとガチャガチャと色々なところから音がする。

でもかみさんはそうとう気に入ったらしい。こんなクルマ、誰も乗ってないよ、と大はし

高級4WDモデルとして今も世界中で高い人気を誇っているレンジローバーの初代モデル。当初は3ドア（後ドア含む）のみの設定だったが、81年には5ドアを追加した。

ゃぎ。元からイギリス好きだったからはしゃぐのも当然だったかもしれない。

家に戻って、経験したことのない乗り味を反芻《はんすう》してみた。あれは確かに何かだぞ……と思っていたら、なにやら「宣伝カー」という言葉が思い浮かんだ。宣伝カー……うーん、近いけどちょっと違う。そうだ！　選挙カーだ！　乗ったことはないけれど、あれだけ窓が広ければ、室内から手を振ってもよく見える。選挙カーに違いない。こうして乗ったことのなかったクルマは乗ったことのないクルマのイメージとして刷り込まれた。

# ヨレヨレだけどタフなお爺ちゃん

## 三菱ジープ（1987年頃購入）

ひょんな事から三菱ジープがやって来た。ジープ、イコールワイルドライフ。なんとも自分と真逆な生活が想像出来るではないか。設計の古さといったら、当然、戦前のものだから、ある程度は想像をつけていたはずなのに、実際に乗り込んでみると、こんなものが走っていいのか、と思えるほど現代のものとは違っていた。

ある意味、遊園地の乗り物に乗った感じだろうか。あんこの薄いぺったんこのシートに座って渋いクラッチを繋ぐと、やたら太いトルクのディーゼルエンジンが、ボディをユランユランと揺らしながら、ガーガーと走り出す。天井は幌《ほろ》で、幌をボディにつなぎ留めている金具たちがいっせいにジャランジャランと歌い始める。まあ、雑音の狂想曲だ。隣と話をするにはそうとう大きな声を出さないと聞こえやしない。

構造上、すきま風は絶え間なく入って来るし、雨が降っていれば、どこからともなく水が浸入して膝を濡らす。現代のクルマが筋肉のしっかり付いているアスリート体型だとするなら、ジープはおじいさんの筋肉のようによれよれ。関節はギシギシ言うし、骨も脆《もろ》くて折れそうだ。

しかしそんな風でも折れないのがジープ。現代のクルマがポッキリいってしまうような場面でも、のらりくらりとかわしていくのがジープだ。年寄り、侮るべからず。しかも心臓の強いことと言ったら……。

所有している間に幌を外したことは数回ある。外すのに20分、装着するのに30分くらいかかったから、横着な僕としては多い方だと思う。第一、幌を付けていたって、幌がないみたいなところもあったわけだから。

幌を外したこのクルマで思い出深いのは、かみさんの逗子《ずし》のコンサートの帰り道、後ろのちっちゃなシートに横向きで座ったかみさんと、その友達のA美ちゃん（当時は大人気だった）の3人で、逗葉新道《ずようしんどう》を走りながら、

ウイリスオーバーランド社との組立外注契約から、完全国産化したオフロード車。購入したのは白いジープだった。写真は98年の最終生産記念車。

ルーフはロールバーを備える幌仕様で、後席には乗員が向かい合って座る折り畳み式の対向補助シートを採用。搭載エンジンはインタークーラー付きディーゼルターボで100馬力を発揮した。

みんなで怒鳴るようにウンチを漏らした話をしたことだろうか。

A美ちゃんの長い髪の毛が空を舞い、僕のバックミラーはまるで見えなくなっていた。

# あとがき

最初、3か月間という期間限定で始まった連載だったけれど、気が付けばこんなところまで来てしまったのか、という感じである。子供の頃から順序立てて、もう少し整理しながら書いていれば、最後になってこんなにじたばたしなくても良かったのかもしれない。それくらい、最後はじたばたした。だって本になるなんて知らなかったんだもん、というのが本音だ。

これはいろいろなところに書いてきたのだが、子供の頃、運転手になりたかった。幼稚園はバス通いだったので、バスの運転手がかっこよくて第一候補。その次がタクシーの運転手。どれもだめなら電車の運転手でもいいや、みたいな感じだったかもしれない。

なぜ子供ってクルマが好きなんだろう。クルマ離れ、なんて言うけれど、男の子なら、幼児の頃は間違いなくクルマが好きだったはずだ。やはり、自分の身体能力以上の運動性能が手に入るからなのか。今でも真っすぐな高速道路を走りながら、僕の隣を同じスピードで走れる人間がいたらすごいだろうな、と想像することがある。時速100キロで走る人間。世界選手権なんて目じゃない。地球上の歴史に残るただひとりの人間になるのだろう。そうなってみたい、なんて密かに思う。いったいどういう願望なんだ。それに比べれば子供の頃のクルマで時速100キロという願望はよっぽど現実的だ。

クルマを横目で見ながら、時にはクルマの中から過ごしてきた70年ちょっと。クルマも変わってきたし、接し方も変わってきた。当然求めるものも変わってきたし、美意識も変わってきた。そしてさらに勢いを付けながら変わり続けようとしている。あぁ、100年後のクルマを取り囲む世界が見てみたい、と本気で思うけれど、当然僕にはそんなことは叶わない。それが無念でならない。夢でもいいから見せて、と今でも本気で思っている。

この本にも出てくる新川クリーニングのオヤジは僕のクルマの先生だ。彼がいなかったら僕の人生はまったく違うものになっていたことだろう。クルマはおろか、音楽の仕事さえやっていなかったかもしれない。人生、どんな人がどんな影響を与えてくれるのかわからないものである。このあとがきを書く直前に彼は83歳の人生の幕を閉じた。思い出してみれば、最後の方は僕の方が先生だった。新しいクルマのこと、新しいテクノロジーのことなど、いろいろ教えてあげたもの。彼も僕と同じく、100年後のクルマを見てみたかったに違いない。100年後のクルマと、その周りの状況が今よりも素敵になっていますように……。

二〇二三年 九月　松任谷正隆

## 〈出典〉掲載順

挿画　唐仁原教久
HB STUDIO
装幀・装画・挿画　藤井紗和

**松任谷 正隆**（まつとうや・まさたか）
1951年東京生まれ。作編曲家。日本自動車ジャーナリスト協会所属。4歳でクラシックピアノを始め、20歳の頃、スタジオプレイヤー活動を開始。バンド「キャラメル・ママ」「ティン・パン・アレイ」を経て多くのセッションに参加。現在はアレンジャー、プロデューサーとして活躍中。長年、「CAR GRAPHIC TV」のキャスターを務めるなど、自他共に認めるクルマ好き。

JAF Mate Books

**車のある風景**

2023年11月　第1版第1刷発行
2024年 3 月　第1版第2刷発行

著者　松任谷正隆
発行人　日野眞吾
発行所　株式会社JAFメディアワークス
〒105-0012
東京都港区芝大門1-9-9
野村不動産芝大門ビル10階
電話　03-5470-1711（営業）
https://www.jafmw.co.jp/

印刷・製本　TOPPAN株式会社



Printed in Japan
ISBN978-4-7886-2397-2